집중력을 키우는
엄마의 말 한마디

집중력을 키우는 엄마의 말 한마디

도야마 시게히코 지음 | 장민주 옮김

아주 좋은 날

아이의 재능을 꽃피우는 가장 쉬운 방법은
엄마가 열심히 말을 걸어주고
이야기를 들려주는 것이다!

"아이는 어른의 아버지다."

영국의 시인 윌리엄 워즈워스의 시 '무지개'에 나오는 유명한 구절이다. 아이는 세속의 권위와 편견이 아닌 자연 그대로의 신의 속성과 경외감을 지니고 있으므로 어른의 스승이 된다는 역설적인 표현인데, 그만큼 유아기의 교육이 평생을 좌우할 만큼 아주 중요하다는 의미를 담고 있다.

나는 오랫동안 영어교사로서 입시를 앞둔 학생들에게 영어를 가르쳐오

다가 어느 순간 교육에 대한 공허함에 휩쓸리게 되었는데, 그때 마침 학교의 부속유치원 원장 자리가 나와 지원을 하게 되었다. 어린아이들을 가르치는 일이 매우 행복한 일로 느껴졌고, 또 영어를 가르치는 일보다는 수월할 것이라고 생각했기 때문이다.

생각했던 것과 다르게 유아교육은 학생들에게 영어를 가르치는 것보다 훨씬 더 어려웠다. 마치 망망대해에 떠있는 돛단배가 된 심정이었다. 무엇을 어떻게 해야 할지 갈피를 잡을 수 없었고, 누구 하나 따뜻한 도움의 손길을 내미는 사람도 없었다. 암흑 속에서 벽을 찾아 허공을 더듬는 꼴이었던 내게는 방법이 보이지 않았다. 5년 만에 유치원을 그만둔 나는 그때부터 아이들의 발달과정을 공부하고 연구하기 시작했다.

최종적으로 나는 '아이들의 교육을 유치원에서 시작하는 것은 너무 늦다'는 결론에 도달했다. 그리고 "지금껏 왜 이런 얘기를 하는 사람이 없었을까?" 하는 의문을 갖게 되었다.

나는 아이의 발달과정을 고려했을 때 아이가 태어난 직후부터 교육을 시작하는 게 이치에 맞다고 생각한다. 다시 말하면 '교육은 0세 때부터 시작되어야 한다'는 것이다.

사람들은 '세상에 막 태어난 아기는 아무것도 모르고, 아무것도 할 수 없는 존재'라고 생각하는 것 같다. 그런데 곰곰이 생각해보면 그것은 분명 우리의 오해이다. 갓 태어난 아기는 아무것도 할 수 없기는커녕 어른들이 감히 흉내도 낼 수 없는 여러 가지 것들을 해낸다. 모든 아이들은 그런 능력을 가지고 세상에 태어난다.

아이의 재능을 키울 수 있는 유효기간은 정해져 있다

'모든 아이는 태어날 때부터 천재적이다'라는 말에 나는 한 치의 의심도 없다. 아이는 아무것도 모르고 아무것도 못하는 존재가 아니다. 뭐든 할 수 있고, 멋지게 잘해낼 수 있는 소질과 능력이 있다. 일반적으로 부모가 똑똑하면 자녀의 머리도 좋다고 생각하는데, 알고 보면 아이가 부모로부터 물려받는 유전자는 극히 일부에 지나지 않는다. 오히려 유전자와는 관계없는 가능성과 소질, 천성 등이 아이의 능력을 좌우한다. 세상에 태어나는 모든 아이가 그것들을 가지고 나온다. '영세아는 모두 천재적이다'라는 개념은 거기서 탄생한 것이다.

천재로 태어나는 아이들이 실제 천재로 자라나는 일은 매우 드물다. 그런 사실을 근거로 들며 모든 아이가 천재는 아니지 않느냐고 반론하는 것은 옳지 않다.

태어날 때부터 모든 아이는 인간이 필요로 하는, 아니 어쩌면 필요할 것 같지도 않은 잠재능력까지 가지고 나온다. 그런데 아이 스스로 그것들 도두를 펼칠 수 없기 때문에 어른이 적당한 자극을 주고 끌어내줘야 한다.

지금껏 육아라고 하면 막 태어난 아이의 잠재력이나 소질을 끌어내는 것보다 영양 공급과 신체 발육에 초점을 두었다. 그러다 보니 아이의 천재적 자질과 소질은 방치되다시피 하였다. 안타까운 사실이지만 아이의 천재적인 능력을 최고로 키울 수 있는 시기와 유효기간은 정해져 있다. 생후 수년이 지나면 잠재력이 상당히 둔화해서 퇴화해버리는 것이다. 초등학교에 들어갈 무렵에는 이미 퇴화가 상당히 진행되어 아이에 따라 그 능력차가 크게 발생하기 시작한다. 그 천재적 재능은 생후 10~15년 사이에 그 힘을 잃어버린다고 한다.

그렇다면 아이가 타고난 천재적 소질을 활짝 꽃피워서 크게 키워줄 수 있는 방법은 무엇일까? 어쩌면 인류의 미래는 그 방법을 발견하는 데 달려있다고 해도 과언이 아닐 것이다.

아이는 듣기만으로 언어를 깨친다

이 책을 읽는 사람들 중에 '천재'는 내 아이와 무관한 이야기라고 생각하는 부모들도 꽤 될 것이다. 그러나 오해하지 말자. 우리 아이들 모두는 천재적 가능성과 잠재능력을 가지고 있다. 그것들을 키워주는 방법을 몰라서 잠재능력이 만개하게 도와주지 못했을 뿐이다.

부모가 아이의 능력 중에서 가장 크게 성장시켜주는 영역이 바로 '언어'이다. 아이는 언어를 전혀 모르지만 예외 없이 40개월 이내에 말을 배운다.

아이에게 언어를 가르쳐주는 선생님은 따로 있지 않다. 따라서 처음에는 전혀 알아듣지 못하는 말들을 들어가면서 독학으로 언어를 깨치는 것이나 다름없다. 들리는 말 하나하나가 어떤 의미인지를 가르쳐주는 사람은 없지만 아이는 단어마다 각각의 의미가 있다는 것을 저절로 깨우친다. 그리고 어느 순간 언어를 직접 사용하기 시작한다. 이 과정 모두를 자기 힘으로 해내는데 아이에게 타고난 재능이 없다면 절대 불가능할 일이다.

더 놀라운 것은 스스로 언어를 사용할 수 있게 된 아이는 자기 머릿속에 나름의 문법까지 갖추게 된다는 점이다. 아이는 그 문법체계에 맞지 않는 언어는 다른 언어라고 구별해내고 배제를 시킨다. 이 놀라운 문법체계를 아이는 누구한테도 배우지 않고 구축해낸다.

요즘은 영어 정규수업이 초등학교에서부터 이루어진다. 하지만 학교에서 배우는 것만으로 영어를 잘하게 된다거나 생활영어가 가능할 만큼 실력이 늘지는 않는다. 그러나 모국어에 관해서만큼은 모든 아이가 그런 천재적 능력을 발휘한다.

지금까지 우리는 젖먹이 아기에게 언어를 가르치는 일에 대해 충분한 숙고기간을 가져오지 못했다. 젖먹이 아기들을 위한 합리적인 교육방법이 발견된다면 신인류의 탄생도 더 이상 꿈은 아닐 것이다.

지금 우리의 교육 현실은 그 수준에 전혀 못 미치지만, 그럼에도 거의 모든 아이가 자기 힘으로 상당한 수준까지 언어를 마스터한다는 점은 높이 평가받아야 마땅하다.

또래와 놀 기회가 없는 영재교육은 헛것이다

50년 전만 해도 아이가 형제 없이 외동으로 자란다는 것은 꿈에도 상상하지 못했다. 과거에는 아이가 많다고 하면 일고여덟은 되어야 했다. 서넛 정도는 많은 축에도 끼지 못했다. 경제적으로 풍요롭지 못했던 그 시절에는 형제가 적을수록 좋다고 생각하는 사람들이 많았다.

그때의 바람이 현실로 이루어진 요즘은 초등학교 교실에 장남, 장녀가 아닌 아이가 매우 드물다. 가정에서는 그에 대해 특별히 문제의식을 갖지 못하는 것 같은데, 유아교육 측면에서 보면 중대한 위기에 처했다고 할 수 있다. 외동아이가 늘어가고 있는 현상을 심각하게 받아들이지 않는 사회는 건강한 사회라고 할 수 없다.

이에 대해 좀 더 정확하게 설명하자면, 외동아이가 늘고 있는 그 자체를 문제라고 말하는 게 아니다. 아이가 또래들 속에서 자라지 못하고 어른들 틈에 끼어 살아가는 것이 걱정이라는 말이다. 앞서 말한 대로 아이는 타고난 천재적 자질을 꽃피우지 못하고 평범하게 자라는 경우가 많다. 그 이유는 어른들의 이끌어주는 힘이 부족하기 때문이다. 그런데 아이들끼리 함께 어울려 놀게 되면 의외로 많은 긍정적인 자극을 받게 된다. 그런 측면에서 보면 아이들끼리의 교류가 어려워진 요즘의 저출산 문제는 사회경제적 문제를 뛰어넘는 문제라고 할 수 있다.

부모들은 특히 이 점에 유의할 필요가 있다. 아이가 하나라고 무턱대고 과잉보호하기 쉬운데, 아이가 타고난 재능을 충분히 발휘하게 하려면 비슷한 나이대의 아이들과 자주 어울리게 해야 한다. 특히 아이들끼리의 놀이 경험이 무척 중요한데, 그 점에서 어린이집은 엄마하고만 지내야 하는 집보다 조건이 훨씬 좋다. 아이 혼자 놀게 하는 것은 아이의 천재적 자질을 방치하는 것과 크게 다르지 않다.

아이에게는 다양한 사람들과 접촉할 수 있는 기회를 많이 마련해줘야 한다. 영재교육이라고 하면 아이에게 예능 과외나 영재교육원을 보내는 것을 떠올리는 사람들이 많은데, 아이들끼리의 일상적인 경험을 충분히 시키는 것이 그 모든 것의 기본이다. 선천적인 재능은 일상적인 활동을 통해 자극을 받기 때문이다. 천재적인 아이는 보통 아이들과 분리시켜 특별한 교육과정을 밟게 해야 한다는 생각은 완전히 잘못된 생각이다. 특히, 어린아이들의 천재적 소질은 일상생활에서 더욱 많이 표출된다는 것을 유념하기 바란다.

2장 아이에게 말을 건네지 않는 엄마만큼 나쁜 엄마는 없다

3장 0~7세 때는 '듣고 말하기'가 가장 중요하다

6장 아이에게는 **부모만큼** 또래도 중요하다

장

0세 때부터 시작하라

우리 아이,
교육은 언제부터 시작할까?

인류의 기원이 시작된 이래로 우리는 실로 오랜 세월 동안 아이들의 능력에 대해 오해해왔다. 다른 포유류와 달리 인간의 아기는 미숙아로 세상에 나온다. 스스로 아무것도 할 수 없는 존재로 주변의 보호를 받지 않으면 어른으로 성장할 수가 없다. 어쩌면 바로 그 점 때문에 어른들은 아이들이 아무것도 할 수 없는 존재라고 속단해온 것인지 모르겠다.

아기가 태어나면 부모는 모유와 잠자리를 제공할 뿐 이렇다 할 교육을

따로 하지 않는다. 이것은 동서고금을 막론하고 전 세계에서 천편일률적으로 계속되어 왔다. 어설프게나마 교육이 시작되는 시기는 아이가 스스로 움직일 수 있고 조금씩이나마 말을 시작하면서부터다. 아이가 말을 배우는 문제에 있어서도 '일정 시기가 되면 저절로 알게 된다'고 느긋하게 생각해왔다.

조류는 새끼가 태어나면 곧바로 각인^{imprinting}(동물의 일생 중에서 주로 태어나자마자 성장 초기에만 나타나는 행동을 가리킨다. 이를 통해 갓 태어났거나 부화된 새끼와 어미 사이에는 매우 끈끈한 관계가 형성되며, 형성된 관계는 끊어지지 않고 계속 유지된다 – 옮긴이)이 이루어진다. 예를 들면 새끼는 태어나면서부터 어미 새가 하는 것을 그대로 따라하기 시작한다.

새끼는 태어나자마자 자신의 부모 새를 알아본다. 새끼는 자신의 주변에 있으면서 움직이고 소리를 내는 자기보다 큰 존재가 각인 대상이라는 것을 본능적으로 알아채고 어미 새라고 받아들인다. 조류의 각인 과정을 살펴보면 부모 새 중 한쪽은 새끼 곁에서 잠시도 떨어지지 않고 돌보고, 다른 한쪽은 열심히 먹이를 물어다 새끼에게 먹인다.

조류들의 각인 과정은 비교적 짧은 시간에 완료되는데, 그것이 끝나는 순간 새끼는 혼자서 살아갈 수 있게 되고, 부모 곁을 떠나간다. 부모 입장에서 보면 아이가 독립을 하는 감격적인 순간이라 할 수 있다. 이처럼 단기간의 각인 과정만으로 새끼가 독립할 수 있다니 참으로 훌륭한 교육이라 할 만하다.

그에 비하면 우리 인간의 유아교육 수준은 한참 뒤떨어진 느낌이다. 대부분의 부모가 아이가 태어나고 2~3년 동안은 교육다운 교육을 하지 않기 때문이다. 최근 들어 조기교육 열풍이 일반화되면서 세 살만 되어도 피아노나 바이올린 등의 음악교육과 미술교육, 심하게는 영어교육을 시작하기도 하지만 그것을 동물 세계의 각인과 같은 철저하고 체계적인 교육과 비교할 수는 없다.

아이들은

천재로 태어난다

'갓 태어난 아기는 모두 천재다'라고 하면 "설마"라는 반응을 보이는 사람들이 많다. 우리는 흔히 평범한 사람들은 가지고 있지 않은 특별한 재능을 가져야 천재라고 생각하고, 또 그 숫자를 극소수라고 생각한다. 나 역시 오랫동안 그렇게 생각해왔다. 그런데 어느 날 '언어'를 계기로 그 생각이 180도 바뀌게 되었다.

언어는 인간만이 가지고 있는 의사소통 도구로, 매우 복잡한 구조로 이루어져 있다. 따라서 언어를 자유롭게 구사할 수 있으려면 고도의 지성과

감성, 심리적 활동이 뒷받침되어야 한다. 다시 말해 천재가 아니면 언어를 습득할 수 없다는 결론에 이른다.

그런데 거의 모든 아이들이 일정 기간이 지나면 언어를 익히고, 완벽하게 사용할 수 있게 된다. 이것이 바로 모든 아이가 천재적 능력을 가지고 있다는 증거가 아니고 무엇이겠는가.

한번 잘 생각해보자. 아이에게 말을 가르치기 위해 우리는 특별한 교육을 하지는 않는다. 아이에게 말을 어떻게 가르치면 좋을지에 대해 미리 생각하고 고민하는 부모도 거의 없다. 그저 때가 되면 저절로 말을 하게 된다고 생각한다.

그렇다면 아이들은 어떻게 말을 배우게 되는 것일까? 아이들에게 말을 가르치는 사람은 대부분 부모들이다. 그런데 정작 부모들은 자기 자신이 아이에게 말을 가르치고 있다고 자각하지 못한다.

부모가 특별히 말을 가르치거나 노력하지 않아도 모든 아이들이 시기의 빠르고 느림에 차이가 있기는 하지만 별다른 어려움 없이 말을 익히기 때문이다. 개인적으로 나는 아이들에게 천부적인 능력이 있어서 그것이 가능하다고 믿는다.

그동안 이런 사실을 간과해왔던 것은 유아교육에 있어서 커다란 손실

이 아닐 수 없다. 기술과 문화가 눈부시게 발달하고 있는 오늘날에도 아이는 무능하고 빈그릇의 존재로 태어난다고 믿는 사람들이 많다. 그런 까닭에 여전히 많은 사람들이 타고난 재능을 꽃피울 수 있는 기회를 가지지 못하고 평범한 인생을 살게 되는 것이다.

아이의 잠재력,
듣기 교육으로 깨워라

신생아는 부모의 보살핌이 절대적으로 필요한 미숙아로 태어난다. 때문에 부모들은 아이를 아무것도 모르고 아무것도 할 수 없는 존재로 보고 무엇인가를 가르치는 것은 불가능하다고 생각해왔다. 그래서 지금까지 갓난아이에 대한 교육이 전무하다시피 했던 것이다. 부모들은 그저 우유를 주고, 재우고, 기저귀만 갈아주면 부모로서의 책임과 의무를 다하고 있다고 생각했다. 아기 때는 생존과 관련된 의식주만 해결해주면 충분하다고 생각한 것이다.

이것은 아이의 타고난 잠재력을 전혀 모르는 무지에서 비롯된 엄청난 착각이다. 어른들의 눈에는 갓 태어난 아이가 아무것도 할 수 없는 존재로 보일 테지만 아기들은 어른들은 감히 상상하지도 못할 만큼 훌륭한 능력을 자기 안에 감추고 있다. 무한한 잠재가능성을 가지고 있지만 아직 그것을 스스로 발현할 수 없을 뿐이다.

갓 태어난 아기가 실로 다양한 능력을 가지고 있다는 것은 최근 급속도로 발전하고 있는 '아기학' 연구를 통해서도 속속 밝혀지고 있다.

아기의 잠재능력이 가장 빨리 발현되는 영역은 바로 언어, 즉 말이다. 아기는 일정 기간 동안 절대적인 보살핌을 받아야만 생존할 수 있는 존재이다. 그러나 귀는 다른 기관들에 비해 충분히 발달해 있어서 청각은 태어나면서부터 바로 정상적으로 기능한다. 한편에서는 엄마의 태내에 있을 때부터 이미 완벽한 청각기능이 완성되어 있어서 엄마가 보는 텔레비전 소리에도 반응한다는 전문가의 보고도 있다.

태어나는 순간부터 아기의 귀는 정상적으로 제 기능을 할 수 있어서 주변의 소리를 잘 들을 수 있다. 그래서 귀에 들어오는 모든 소리와 언어를 부지런히 주워 담는다.

아기는 태어나서 얼마 동안은 누워서만 지낸다. 언뜻 아무것도 안 하고 있는 것처럼 보이지만 언어를 비롯한 여러 가지 소리를 다 듣고 있다. 그 많은 소리 중에서도 아이는 언어를 선택해서 머릿속에 새겨 넣는다. '아이가 언어와 소리를 구별할 수 있을까'라는 의문이 들겠지만, 아이는 그 능력을 분명히 가지고 있다. 엄청나게 어려운 이 일을 아이들은 묵묵히 수행하고 있는 것이다. 이에 대해 모든 아이는 천재라는 말 외에 어떤 다른 설명이 가능하겠는가.

아기에게 말을 들려줘서 가르쳐야겠다고 맘먹고 말을 거는 부모는 거의 없다. 그런 점에서만 봐도 동물들의 각인 과정에 비해 인간의 유아교육은 턱없이 부족한 수준이라 할 수 있다.

부모는 자의건 타의건 아이의 '첫 선생님'이 된다. 그런데 그것을 제대로 인식하지 못하고 아이의 교육을 대충대충 하는 부모들이 많다 보니 아기 입장에서는 자기 신세가 고달플 수밖에 없다. 무엇보다 좌절스러운 점은 기껏 가지고 태어난 천재적 소질이 꽃도 피워보기 전에 말라죽게 되는 것이다.

말을 건네는 것은
젖을 주는 것과 같다

말을 가르치겠다고 생각하면서 아이에게 말을 건네는 부모는 없다. 아이에게 무슨 말을 하든 '소 귀에 경 읽기'일 뿐이라고 생각하는 몇몇 엄마들은 입에 자물쇠를 채우고 말없이, 그야말로 '조용한 육아'를 하기도 한다. 그러나 엄마의 이런 '조용한' 양육태도는 아기에게 엄청난 타격을 줄 수 있다. 말은 듣고 기억해야 익힐 수 있는 것이어서, 옆에서 말을 해주는 사람이 없으면 아무리 혼자 애를 써도 익힐 수 없기 때문이다.

태어난 지 2~3년이 된 아이는 젖을 빠는 것처럼 본능적으로 언어를 들으면서 익힌다. 이 시기에 아이가 배우는 말을 나는 '모유어'라고 명명했다. 젖을 먹고 몸이 자라는 것처럼 아기에게 말은 마음의 양식이 되고, 그것이 양분이 되어 마음이 자란다.

아기에게 말을 걸지 않고 이야기를 들려주지 않는 엄마는 젖을 주지 않는 것에 비유할 수 있다. 그만큼 아이에게 치명적이고 심각한 잘못을 저지르고 있는 셈이다. 갓난쟁이에게 말을 거는 것은 지극히 자연스러운 일인데. 아기에게 말을 걸지 않고 묵묵히 육아에 전념하는 엄마들이 의외로 많다. 아예 그런 인식조차 없다는 것은 무척 심각한 일이 아닐 수 없고, 아이를 위해서라도 하루 빨리 생각을 바꿔야만 한다.

막 태어난 신생아도 젖을 물리면 곧바로 젖을 빨 줄 안다. 엄마 역시 난생처음 수유를 하게 될 때에는 서툴러서 제대로 못하지만 금세 익숙해진다. 아이의 모유어 역시 처음에는 마음먹은 대로 잘 안 되는 경우가 더 많다.

아기는 주변에서 들려오는 말소리에 반응을 한다. 아기들은 언어와 다른 소리를 구별하는 능력을 가지고 있다. 반복해서 듣는 말소리가 축적되어 서서히 확실하게 말을 배우는 것으로 추측하고 있다. 이런 사실이 아

직 제대로 알려져 있지는 않지만 모든 아이가 언어습득 능력을 갖고 있다는 것은 놀라운 사실이다.

그렇다면 육아를 맡고 있는 사람은 훌륭한 능력을 가지고 태어난 아이가 그 능력을 충분히 발휘할 수 있도록 이끌어주어야 하는 중차대한 임무를 맡고 있다고 할 수 있다.

여기서 첫아이를 낳은 한 유치원 선생님 이야기를 해볼까 한다. 유아교육 전공자인데다 유치원 선생님 경험도 풍부했던지라 육아만큼은 최고일 거라고 자타가 공인하는 선생님이었다. 그런데 공교롭게도 그 선생님의 아이는 두 살이 될 때까지도 말을 하지 못했다. 아이에게 선천적인 결함이 있는 게 아닐까 싶어 병원을 찾기도 했지만 특별한 문제가 없다는 진단을 받았다. 그 후에 몇 가지 검사를 더 받았는데, 놀랍게도 엄마가 아이에게 말을 많이 걸지 않은 데 원인이 있는 것으로 밝혀졌다. 아이 엄마인 그 선생님은 이루 말할 수 없는 큰 충격을 받았다. 선생님이라는 직업 특성상 하루 종일 아이들을 상대하고 말을 많이 하다 보니 집에 돌아와서는 자신도 모르게 아이에게 말을 거는 것을 소홀히 했던 모양이었다.

우리 부모 혹은 그 윗세대 부모들도 아기에게 어떤 말을 어떻게 들려줘야 하는지 모르는 것은 우리와 마찬가지였다. 자신이 어린 시절에 경험했던 것들을 온전히 기억하고 있는 것도 아니었다. 다만 주변 엄마들이 아이를 키우는 모습을 보고 자라면서 무의식적으로 자연스럽게 아이에게 말을 거는 것의 중요성을 알게 됐던 것이다.

핵가족이 늘어나고 나이 든 사람들이 하는 말과 행동을 잔소리나 귀찮은 참견 정도로 치부하는 사회적 분위기가 만연해지면서 아이의 '첫 언어교육'은 큰 위기를 맞게 되었다. 그리고 아기는 자연스럽게 언어를 익힌다는 잘못된 생각이 자리를 잡게 되었다.

읽고 쓰는 교육보다
말하고 듣는 교육이 중요하다

태어나자마자 말을 하는 아기는 없다. 갓 태어난 아기는 언어 자체를 모른다. 언어적 측면에서 본다면 아기는 완벽한 백지상태라 할 수 있다.

그러다가 40개월 정도가 지나면 거의 모두가 어떤 식으로든 언어를 익히고 사용할 수 있게 되는데, 정말 놀라울 따름이다. 바로 이 점 때문에 아이들을 천재적이라고 말하는 것이다. 그러나 아무리 훌륭한 언어 재능을 가지고 있더라도 그것을 끌어내주는 사람이 없으면 그 싹은 자라날 수 없다.

그렇다고 아기 옆에 말을 가르쳐주는 선생님을 따로 두는 것은 아니다. 지금까지 수천 년의 인류 역사 속에서 아기에게 말을 가르치는 선생님 역할은 줄곧 엄마가 맡아왔다.

근대에 이르러 아이를 공부시키는 학교라는 공간이 따로 생기면서 부모가 아이에게 언어를 가르치는 일을 등한시하게 된 것은 분명한 사실이다. 최근 100~150년 사이에 문화적으로는 엄청난 발전을 이룩했지만 우리 인간에게 가장 중요한 언어습관은 퇴보하였다.

아이가 학교에 들어가면 그때부터 언어를 배워도 된다고 태평하게 생각하는 사람들도 적지 않다. 그런데 초등학교에서 아이의 '첫 언어'를 가르치는 것은 불가능하다. 좀 더 정확하게 말하자면 그때는 너무 늦다. 태어난 지 7, 8년이나 지난 뒤에 본격적인 교육을 시작하려 들면 태어날 때부터 가지고 있던 재능의 씨앗이 이미 상당히 말라버린 후라 가르치는 쪽도, 배우는 쪽도 몇 배는 더 어렵고 힘들다.

학교는 주로 문자를 읽고 쓰는 법을 가르친다. 말하기와 듣는 것은 가정에서 이미 마치고 온다고 전제하고 있다. 때문에 현실적으로 그렇지 못한 가정에서 자란 아이는 언어를 확실히 배우지 못한 채 성장하게 되는

무시무시한 일이 벌어지게 된다.

'읽고 쓰기만 가르쳐도 된다. 말하고 듣는 것은 저절로 할 수 있는 것이다.' 이런 생각을 하는 사람들도 많은데, 착각도 그런 착각이 없다. 또, 말하는 것보다 글로 쓰는 것이 레벨이 더 높다고 생각하는 사람들도 많은데, 절대 그렇지 않다. 물론 문자가 중요한 것은 틀림없는 사실이다. 문자를 통해 문화가 발전해온 것도 사실이다. 그러나 인간에게 음성언어는 문자보다 훨씬 더 중요한 역할을 해왔다.

요컨대 문자를 읽고 쓰지 못한다고 해도 인간은 살아가는 데 지장이 없다. 그러나 음성언어를 전혀 알지 못한다면 과연 살아갈 수 있을까?

학교가 글을 읽고 쓰는 것 위주로 가르치게 되면서 인간의 능력은 일부 퇴화한 듯하다. 또한, 말하는 것을 대수롭지 않게 여기면서, 타고난 언어적 재능을 키워내지 못하는 일도 심심치 않게 벌어지고 있다.

아이를 키우는 엄마들에게 아기에게 말을 건네는 것의 중요성을 강조하면 "별 반응도 없는 아기에게 말을 하는 게 얼마나 어색하고 이상한데요. 상대도 없이 혼잣말을 하다 보면 제가 정상이 아닌 것 같은 생각이 들 때도 있어요"라고 말하는 엄마들이 꽤 많다. 그런 엄마들은 자신도 자라면서 엄마로부터 첫 언어의 수혜를 충분히 받지 못했을 가능성이 크다.

아기에게는 천천히, 반복해서, 억양을 줘서 말하라

　　우리 이전 세대의 엄마들은 자신이 언어를 가르치고 있다는 것은 인식하지 못했지만 아기에게 자연스럽게 말을 건넸다. 아기에게 젖을 물리면서도 엄마는 무슨 말인가를 끊임없이 하곤 했다. '내 얘기를 다 알아들을 거야'라고 꼭 믿는 것은 아니었지만 이런저런 이야기를 본능적으로 건넸다. 지금도 주위의 갓난쟁이를 둔 엄마들을 보면 끊임없이 일상적인 이야기를 건네는 모습을 볼 수 있다. 이것이 바로 아이에게 언어를 가르치는 일반적인 과정이다.

"찌찌가 맛있네!"

"우리 아기, 배고팠구나. 찌찌 맛있어?"

"맛있는 찌찌, 천천히 먹자!"

이처럼 아기에게 젖을 물리면서 엄마들은 끊임없이 말을 건넨다. 그리고 앞에 뛰어노는 개가 보인다면 이렇게 이야기해줄 수 있다.

"멍멍이가 있네!"

"아가야, 멍멍이 보여?"

"귀여운 멍멍이구나!"

"멍멍이도 우리 아기가 좋은가 보다. 자꾸 놀자고 하네!"

주변 사물이나 상황에 대해 입에서 자연스럽게 흘러나오는 대로 아기에게 말을 들려주면 되는 것이다. 엄마가 하는 말들은 아기에게 더없이 소중한 언어 습득을 위한 '예시'가 된다. 같은 말을 몇 번씩 반복해서 듣는 사이에 아기는 '찌찌', '맛있다'는 언어를 익혀가고, '멍멍이'와 '귀엽다'는 말에 대해서도 이해하게 된다.

한때 미국에서 교육열이 높은 엄마들 사이에서 '모성어^{motherese}(엄마가 아이에게 쓰는 단순한 형태의 말)'가 주목을 받은 적이 있다. 그것은 아기에게 말을 건네는 일을 성의 없이 건성으로 해왔던 것에 대한 반성의 의미도 담겨 있었다.

여기서 그 모성어의 특징에 대해 몇 가지 짚어보도록 한다.

첫째, 모성어는 천천히 이야기해야 한다. 전 세계적인 추세인데 현대생활의 말하는 속도가 점점 빨라지는 경향이 있다. 아기에게 언어는 생소한 미지의 세계이다. 따라서 천천히, 정확하게 이야기해주는 엄마가 좋은 언어 선생님이라는 것을 기억하자.

둘째, 모성어는 반복해주어야 한다. 한 번 듣고 알아듣는 것은 우리 어른들도 어렵다. 더군다나 모성어가 아이의 첫 언어인 걸 감안한다면 당연히 한 번만 말해서는 안 되고, 같은 말을 여러 번 반복해줘야 할 것이다.

셋째, 모성어는 억양을 붙여야 한다. 억양 없이 단조롭게 말하면 듣는 사람 입장에서는 강약이 없어 알아듣기 힘들고, 이해하기도 어렵다. 단조로운 이야기보다 강약이 있는 이야기가 알아듣기도 쉬운 법이다.

참고할 것은 아이들에게 톤이 높은 목소리가 낮은 목소리보다 친절하게 들린다는 것이다. 일반적으로 엄마의 목소리가 아빠(남성)의 목소리보

다 톤이 높은 것은 엄마로부터 첫 언어를 배우는 아기에게 더할 나위 없이 좋은 조건이라 할 수 있다.

넷째, 모성어는 확실하게 이야기해주어야 한다. 듣는 입장에서는 스타카토를 찍듯이 또박또박 정확하게 얘기해주는 사람의 말이 알아듣기 쉽다. 한 단어 한 단어를 천천히, 큰 소리로, 정확하게 이야기하면 언어가 확실하게 전달된다. 어린아이가 처음 말을 시작할 때 단어의 한 부분만 말한다면 확실한 단어를 듣지 못했거나 충분히 듣지 못했을 가능성이 크다.

다섯째, 모성어는 항상 미소를 띠고 말해야 한다. 아이를 양육하다 보면 아기 탓이든, 집안 환경 탓이든 자신의 의지와 상관없이 화가 솟구치는 일이 하루에도 수십 번씩 있기 마련이다. 그러나 말을 빨리 가르치고 싶은 엄마라면 미소 짓는 얼굴을 하고 기분 좋은 음성으로 말을 하는 편이 좋다. 엄마가 미소를 짓고 이야기하게 되면 아기에게 엄마의 말은 전부 노래처럼 들리게 되어 있다.

일반적으로 여성의 언어능력이 남성보다 뛰어나다는 점은 이미 밝혀진 사실이다. 그렇다면 '첫 언어'를 배우는 아기 입장에서 언어는 두말할 것도 없이 엄마로부터 배우는 편이 나을 것이다. 만약 아빠가 엄마 대신에 언어를 가르쳐야 한다면 앞서 설명한 모성어의 특징을 참고하면 도움이 될 것이다.

'맘마'는 엄마만
가리키는 말이 아니다

열 달 만에 엄마 뱃속에서 나온 아기는 말을 못한다. 그저 남들이 하는 말을 듣기만 할 뿐이다. 그런데 그 몇 달을 단순히 말을 못하는 시기라고 봐서는 안된다. 아이가 제대로 말을 하기 위해 준비하는 시기라고 보면 정확할 것이다.

말을 하기 위한 준비기간을 마친 아기가 처음으로 입에 담는 말은 보통 "맘마"이다. 그런데 이 단어는 그 자체로 독립적인 의미를 가지고 있다. 예를 들어 '맘마'는 단순히 엄마를 부르는 게 아니다.

"엄마, 이리 와!"

"엄마가 좋아!"

"엄마, 찌찌 줘!"

"엄마, 안아줘!"

"엄마 왔다!"

이렇게 여러 가지 의미를 포함하고 있는 것이다. 이런 것을 '한 단어 문장'이라고 한다. 문장이라고 하기에 적합하지 않지만, 한 단어만으로 완결된 문장을 표현하고 있다는 의미이다. 어른들이 그 의미를 명확하게 파악하지 못하는 경우가 대부분이지만 아기는 이렇게 한 단어 문장으로 말하는 게 일상적이다.

대개의 아이들은 세 살 정도가 되면 한 단어 문장을 졸업하고, 단어를 부연 설명하는 말을 덧붙이기 시작한다. 어린아이에게는 한 단어 문장을 사용하는 기간이 반드시 있는 것이 좋다. 처음부터 아이에게 완벽한 문장을 구사하게 하겠다는 부모가 있다면 뭔가 크게 착각하고 있는 것이다.

과거에는 형제자매가 많아서 동생이 한 단어 문장을 구사하는 것을 듣고 자라는 아이들이 많았다. 그런 환경에서 자란 사람은 후에 엄마가 되어 아이를 키울 때 지극히 자연스럽게 모성어를 구사하게 된다.

그런데 형제가 단출하게 자란 요즘 부모 세대들은 모성어가 자연스럽게 나오지 않는다. 그렇게 보면 아기의 언어적 측면에서도 이 시대의 저출산 문제는 바람직하지 못한 흐름이다. 그런 이유로 과거의 육아에서는 특별히 마음을 쓰지 않아도 되었던 일들을 지금 현대사회에서는 하나하나 신경 쓰고 챙겨야 하는 현실에 처하게 되었다.

홀로 자라는 아이들이
위험하다

아이는 적게 낳을수록 좋다는 생각이 자리 잡은 지 반세기가량 되었다. 지금은 전 세계적으로 저출산 문제가 심각해져서 그 심각성을 걱정하는 사람들이 많다.

인간은 몇천 년간 다자녀 출산을 해왔다. 불과 반세기 전만 해도 한 자녀 혹은 두 자녀 가정이 오히려 이례적이었다. 육아 역시 다자녀 가족을 중심으로 발전해왔다. 형제 없이 외동으로 자라는 아이를 어떻게 하면 잘 키울 수 있는지에 대한 고민은 전무하다시피 했다. 단순히 '아이의 수가 적으면 육아에 많은 정성을 쏟게 되고 세심하게 신경 쓸 수 있어 좀 더 잘 키울 수 있지 않을까'라고 추측만 하는 수준이었다.

그런데 육아는 자녀 수가 적은 가정이 자녀 수가 많은 가정보다 훨씬 더 어렵다. 그 엄연한 사실을 진지하게 고민하는 사람들이 적은 현실이 안타깝기만 하다.

원숭이를 이용해 '사회성 실험'을 진행한 연구 결과가 있다. 태어난 지 얼마 안 되는 새끼원숭이를 무리로부터 격리시켜 우리 속에 가둬서 키웠다. 연구팀은 영양이 풍부한 먹이와 세심한 돌봄을 받고 자란 그 원숭이가 무리 속에서 자란 원숭이들보다 행복하고, 발달수준도 훨씬 높을 것이라고 예상했다. 그러나 어느 정도 성장을 한 뒤에 우리에서 꺼내 원숭이 무리 속으로 집어넣자 전혀 뜻밖의 상황이 벌어졌다.

각별한 보살핌 속에서 혼자 자란 원숭이가 다른 원숭이들과 어울려 살아가지 못하는 문제가 발생한 것이다. 우리에서 자란 원숭이는 상대방을 갑자기 물어뜯는 일이 자주 일어났는데, 때로는 그 상처가 너무 커서 치명상이 이를 때도 있었다. 결국은 다른 원숭이들로부터 엄청난 미움을 받았고, 따돌림을 당하기에 이르렀다. 새끼 때부터 무리 속에서 살아온 원숭이는 상대를 물어뜯더라도 큰 상처를 입히지 않을 정도로 무는 법을 익

히고 있어서 큰 문제를 일으키지 않았다. 그렇게 무리 속에서 자란 원숭이는 다른 원숭이들과 어울려 살면서 자연스럽게 사회성을 몸으로 익혔던 것이다. 그러나 우리 안에서 혼자 자란 원숭이는 그런 경험이 전혀 없었기 때문에 사회성이 형성될 수가 없었다. 다른 원숭이들과 어울리면서 갈등 상황을 겪거나 그것을 해소하는 경험을 해보지 못한 데서 기인한 결과였다.

물론 인간은 동물인 원숭이와는 많이 다르다. 그렇다고 해서 "인간은 혼자 커도 사회성 발달에는 전혀 지장이 없다"라고 단정짓는 것은 너무 안일하고 위험한 발상이다. 설령 혼자 자라면서 사회성을 기를 수 있더라도 남들보다 몇 배의 노력과 시간이 들어갈 것은 부정할 수 없는 사실이다.

오감을 키우는 교육은
0세부터 시작하라

지금은 조기교육으로 상황이 아주 많이 달라졌지만 과거 세대들은 초등학교에 입학할 때까지 교육다운 교육을 받을 기회가 변변히 없었다. 교육적인 측면에서 아이를 이렇게 무방비 상태로 놔두게 되면 아이 입장에서는 엄청난 손실을 입게 된다.

어린아이들은 자기 의견을 말할 수가 없다. 따라서 특별히 요구할 것이 있어도 그것을 해달라고 호소할 길이 없다. 따라서 아이는 자신의 발달과정에서 어떤 교육이 필요해도 그것을 요구하지 못하고, 부모가 그것을 인

식하지 못한다면 그대로 방치된 채로 자랄 수밖에 없다.

오랜 세월 동안 교육은 가정과 사회에서 이루어져왔다. 우리가 교육기관이라고 부르는 학교는 과거에는 얼마 되지 않았다. 교육기관 중 초등학교가 가장 먼저 만들어졌다고 오해하고 있는 사람도 많은데, 현재 우리의 교육 시스템에서 초등학교는 맨 마지막에 만들어진 것이다.

최초로 만들어진 교육기관은 대학이었다. 대학은 지식을 필요로 하거나 전문직에 종사할 사람들을 양성하는 곳이었다. 그런데 대학에서는 전문지식의 배경이 되는 기초지식까지 가르칠 수 없었기 때문에 그 밑에 예비학교가 만들어졌고, 또 그 밑에 학교가 생겨나는 식으로 발전했다. 이렇게 해서 대학에서부터 고등교육, 중등교육, 초등교육으로 이어져 내려오는 현재의 교육 계통이 확립되었다.

유럽에서는 18세기 말에 비로소 보통교육이 시작되었다. 초등학교에 해당하는 교육기관이 만들어진 것이다. 이것이 급속도로 발전하고 확산되었고, 19세기에 들어와서 유럽의 주요 국가에 초등교육이 정착되기에 이르렀다.

인간의 발달과정을 생각하면 현대의 교육 시스템이 합리적이지 않다는 것이 명백하게 드러난다. 인간의 능력과 가능성이 최고 정점일 때는 생후

40개월 즈음이고 아이가 초등학교에 입학할 시기에는 아이의 능력이 이미 쇠퇴한 상태라고 볼 수 있다.

여덟 살 때부터 시작되는 초등교육은 아이의 발달단계나 성장을 고려한 것이 아니었다. 학교 수도 적었고, 선생님 수도 부족했던 상황에서 학생 대 교사의 일대일 교육은 생각할 수 없었기 때문에 아이 혼자 통학이 가능해질 때까지 취학을 보류했던 것뿐이다.

학교가 생겨난 후부터 부모들은 아이의 교육과 육성을 학교에 일임하고 있다. 그런데 학교는 아이가 입학하고 나서야 교육을 시작할 수가 있다. 때문에 아이 입장에서는 태어나서 초등학교에 입학할 때까지인 7년 동안 교육 공백이 발생하게 된다. 이로 인해 인류가 얼마나 큰 손해를 보고 있는지 가늠할 수 없을 정도인데, 이에 대해 심각하게 고민하는 사람이 없는 것이 현실이다.

나는 교육은 영세아 때부터 시작해야 한다고 주장해왔다. 그것은 보다 많은 지식을 일찍부터 가르치자는 의미가 아니다. 아이가 천재적으로 타고난 오감을 충분히 키워주려면 초등학교에 들어갈 때까지 마냥 기다려서는 안 된다는 절박성을 말하고 있는 것이다.

옛날이야기로
듣는 습관을 키워라

어린아이들은 대체로 엄마의 말(모성어)을 통해 언어능력을 키워나간다. 그렇다고 엄마의 모성어가 전부는 아니다. 다른 가족으로부터도 여러 가지 말들을 배운다. 가족 환경에 의한 가르침이라 할 수 있다.

요즘 젊은 사람들의 대화를 듣고 있다 보면 목소리가 너무 커서 화들짝 놀랄 때가 많다. 그런 대화에 익숙해져서인지 특별히 불쾌하지 않다고 말하는 사람도 있기는 하다. 그런데 거친 말투와 큰 목소리에 더해 말 속도까지 너무 빨라서 제대로 알아듣기 어려운 경우도 많다. 쇳소리에 가까운 웃음소리를 내는 사람들도 많다.

이런 목소리는 부모들이 아이들에게 가르친 것이 아니라 거실 한가운데 자리 잡고 있는 텔레비전이 가르친 것이다. 텔레비전이 금속음을 내는 것은 어쩔 수 없지만, 그것을 보고 듣고 자란 아이들의 목소리와 언어의 질은 큰 문제가 아닐 수 없다. 텔레비전 소리를 바꾸는 것은 현실적으로 불가능하다. 그렇다면 청아하고 아름다운 목소리로 낭독하는 CD를 들려주는 것은 어떨까? 부모의 의지만 있다면 가능한 일이니 부담 갖지 말고 실천해보자.

그런 의미에서 보면 어른들이 아이에게 들려주는 옛날이야기는 참으로 중요하다. 그런데 어렸을 때 옛날이야기를 들으면서 자라지 않은 사람은 자신의 아이에게도 옛날이야기를 들려줄 수가 없다. 어쩌다 생각나는 대로 대충 얼개를 만들어 이야기를 해주다 보면 "어, 오늘은 이야기가 다르네!"라고 해서 순간 당황하는 일도 생긴다. 그러면 엄마 입장에서도 옛날이야기를 들려주고 싶은 마음이 싹 사라져버린다.

그런 이유 탓인지는 알 수 없지만, 요즘 부모들 사이에서는 옛날이야기를 들려주는 것보다 책 읽어주는 모습이 더 일상적이다. 물론 그것도 아

이들 교육에 신경을 많이 쓰는 엄마들 사이에서 더 그렇다. 일부에서는 옛날이야기를 들려주는 것은 고리타분하고 책 읽어주기는 현대적이고 미래지향적이라고 생각하는 경향이 있는 것 같다. 그것은 정말 아무것도 모르는 사람들의 이야기다. 알고 보면 책 읽어주기보다 옛날이야기를 들려주는 게 아이들에게 훨씬 더 좋다.

아이에게 책을 읽어줄 때 부모는 책을 보고 읽는다. 아이는 옆에서 부모가 읽어주는 것을 들으면서 책의 그림을 본다. 그것은 옛날이야기를 들려줄 때처럼 아이를 직접 마주보면서 이야기를 해주는 것과 완전히 다르다. 말은 상대방의 얼굴을 보며 하는 것이 원칙이다. 책을 읽어줄 때는 이점에 특히 주의해야 할 것이다.

또 한편으로, 책 읽어주기는 직접 대화가 아니라 엿듣는 것과 비슷하다고 할 수 있다. 물론 책 읽어주기를 아무것도 안 하는 것이랑 똑같이 취급하는 것은 어불성설이다.

아이들 속에서 커야
내실 있는 인간으로 자란다

자녀를 많이 낳던 시대에는 '첫째는 어수룩하다'는 말이 있었다. 첫째가 둘째나 셋째에 비해 좀 떨어진다는 점을 적나라하게 표현한 것인데, 큰아이 입장에서는 억울할 정도로 기분 나쁜 말일 게 분명하다.

첫째 아이는 부모와 함께 지내는 시간이 다른 형제들에 비해 긴 편이다. 혼자 자라는 기간이 있어서인데, 이 점이 장남의 발육과 발달에 마이너스로 작용한다고 보았다. 둘째 아이부터는 태어나는 순간 이미 '아이들

속의 아이'가 된다. 부모나 어른이 줄 수 없는 가르침을 한두 해 일찍 태어난 형제가 줄 수 있다는 점을 생각하면, 처음 태어나는 아이는 그 자체가 큰 결점이 된다고 볼 수 있다.

이와 반대로 '막내는 아무짝에도 쓸모없다'는 모욕적인 표현도 있다. 막내는 첫째 아이 정도는 아니라도 다른 아이들과 접촉하는 시기가 매우 짧은 편이다. 그만큼 막내에 대한 부모의 사랑은 각별해지는데, 그것이 오히려 아이의 발달에 마이너스가 된다는 것을 옛사람들은 간파하고 있었던 것 같다.

아이가 많은 집에서는 첫째와 막내 외에는 '아이들'이라는 또래집단이 주어진다. 그 사이에서 양성되는 능력이 첫째나 막내와의 차이를 만든다고 볼 수 있다.

저출산 시대에 태어난 외동아이들을 '아이들' 속에서 자랄 수 있도록 하는 노력이 필요하다. 자신의 착한 아이가 다른 아이들과 놀게 되면 나쁜 버릇이 들 수 있다고 생각하는 유치원생을 둔 엄마들이 있다는 얘기를 들은 적이 있다. 그런데 아이가 자라는 데는 그 나쁜 버릇도 필요하고, 그 나쁜 버릇이 약이 될 수 있다는 것을 알아야 한다.

다른 아이들과 다투고 화해하는 사이에 아이는 자신을 둘러싸고 있는 보호닥을 벗겨낼 수 있다. '귀한 아이일수록 여행을 시켜라'는 말은 조금 다른 의미이긴 하지만, 아이를 과잉보호 속에서 키워서는 안 된다는 의미에서는 같은 뜻을 담고 있다.

귀한 외동아이라고 해서 무조건 감싸고 돌기만 하는 것은 현명한 처사가 아니다. 온실 속에서 자란 아이는 작은 비바람이나 곤충의 습격에도 병에 걸리고 마는 화초처럼 허약한 아이가 될 수밖에 없다.

아이가 어릴 때부터 세상의 차가운 바람 앞에 세워서 강하게 키울 필요가 있다. 비슷한 또래 아이들이 있는 곳에 데려가서 함께 어울리는 환경을 만들어주자. 훌륭한 교육이란 성적을 높이기 위해 학원에 쫓아다니는 교육이 아니라 바로 이런 교육을 가리킨다.

어린이집에 가면 의도하지 않더라도 아이는 또래들과 어울리며 지내게 된다. 그런 점에서 보면 어린이집 선생님들은 아이에게 더없이 소중한 교육을 실시하고 있는 분들이다. 어린이집의 선생님들이 그 점을 자각한다면 지금까지와는 또 다른 교육이 시작될 것이라고 생각한다.

마지막으로 아이는 '아이들'이라는 또래집단 속에서 좀 더 내실 있는 인간으로 성장한다는 것을 기억하기 바란다.

2장

건네지 않는 엄마만큼 나쁜 엄마는 없다

갓난아이에게 '모유어'는
모유와 같다

모유를 먹고 자라는 시기에 아이가 듣게 되는 언어는 정확히 '모유'와 같은 역할을 한다. 모유나 우유를 먹고 몸이 자라는 것과 마찬가지로 첫 언어는 아기에게 마음의 양식이 되고, 아기는 그것을 바탕으로 점점 사물에 대해 알아가게 된다. 이 첫 단계의 아기 언어를 '모유어'라고 부를 수 있다.

이 시기에 아기에게 모유어를 제공하지 않는 것은 모유를 제공하지 않는 것과 같다. 모유어를 제공하지 않으면 세상을 이해하는 마음이 자라나

지 못하게 되고, 또 다른 심각한 문제를 유발할 가능성이 있기 때문이다.

이 시기에 부모는 아기에게 되도록 많은 말을 들려줘야 한다. 물론 그 말을 듣는다고 아기가 대답을 할 리는 만무하지만 아주 잘 듣고 있다는 사실을 명심하자. 비록 부모가 하는 말의 의미를 알지는 못하지만 아이는 언어 '공부'를 하고 있는 중임을 기억하자. 모유어를 들려주는 것이 아기의 내적발달에 매우 중요하다고 강조하는 이유는 모유가 아기의 몸을 키우는 이치와 같기 때문이다. 모유어는 그만큼 중요하다.

그러나 지금까지는 이 모유어에 대한 개념도 딱히 없었다. 아이에게 거의 말을 들려주지 않는 부모들도 있는데, 그런 환경은 아이가 언어의 재능을 싹틔울 기회조차 주지 않는 재난 상황이라고 할 수 있다.

옛날 엄마들은 아기에게 말을 건넬 때 어떤 의도를 가지지 않았다. 그야말로 충실히 모유어를 제공했다. 모유어를 들려줄 때는 앞서 설명했던 대로 천천히, 반복해서, 억양을 붙여 말을 건네고 웃는 표정을 지으면 된다.

아기는 엄마나 주변 사람들이 하는 말을 처음에는 전혀 이해하지 못한다. 따라서 아무런 반응을 하지 않는다. 대답 비슷한 반응을 보이는 게 애초에 불가능한 것이다.

아기가 대답을 못한다고 해서 말을 걸지 않는 것은 큰일 날 일이다. 아이는 배가 고플 때 젖을 달라고 우는 것처럼 어른들에게 그 의사를 전달할 수 없기 때문이다. 모유어에 심히 굶주려 있어도 아기는 울지 않는다. 그것을 핑계로 모유어를 제공하지 않는 엄마가 있다고 한다면 아이 인생에 다시 돌이킬 수 없는 중대한 잘못을 저지르고 있는 것이다.

엄마 입장에서 보면 아이에게 특별히 하고 싶은 말이 없을 수도 있다. 딱히 할 말도 없고, 하고 싶은 말도 없는데 무슨 말을 어떻게 해야 하는지를 모르겠다고 하소연하는 엄마들도 많다. 많은 모유어를 들으면서 자라야 하는 아기들 입장에서 이것은 정말 심각한 일이 아닐 수 없다.

아기에게 이야기를 건네는 일을 너무 어렵게 생각할 필요는 없다. 주변에 보이는 사물이나 상황을 보면서 무슨 말이든 좋으니 말로 들려주면 되는 일이다.

"멍멍이가 있네."
"야옹이가 야옹야옹 울고 있네."
"멍멍이 털이 하얗네!"
"멍멍이가 꼬리를 흔드네!"

"야옹이가 우리를 보고 야옹 하네!"

이런 말들을 일상생활에서 반복해서 들려주다 보면 아기는 어느 순간 '멍멍이, 야옹이, 귀엽다' 등의 단어를 익힐 수 있다. 두세 번 들어서는 습득하기 어렵지만 꾸준히 여러 번 반복해서 듣다 보면 자연스럽게 언어를 익히게 되는 것이다.

세 살 아이는 '이유어'를 통해
언어를 완성시킨다

아이에 따라 차이는 있지만 대체로 생후 24~36개월 사이어 아이는 모유어를 졸업하게 된다. 그것은 사물에 대한 이해가 절반쯤 완성됐다는 의미로 받아들이면 된다. 옛날 사람들이 말하는 '세 살 버릇'의 전반부가 완성된 셈이다. 그런데 '세 살 버릇'이 올바르게 완성되려면 후반부 시기가 필요하다. 그 역할을 하는 것이 이유어이다. 이유어란 아기가 모유를 떼고 이유기에 들어가서 습득하는 언어라고 할 수 있다. 모유어를 통해 세 살 버릇의 전반이 완성되고, '이유어'에 의해

세 살 버릇의 후반이 완성되는 것이다.

그렇다면 모유어는 어떤 특징을 가지고 있고, 모유어와 이유어는 어떻게 다를까? 모유어는 눈앞에 보이는 것, 손으로 만져지는 것, 지금 먹고 있는 것을 언어로 표현한 것이라 할 수 있다. 언어라고 해도 문자가 아닌 소리이다. 소리를 반복해서 들으면 신기하게도 전혀 알지 못했던 단어의 의미를 파악할 수 있게 된다.

어떻게 무(無)에서 시작해 소리에 의미가 있고, 그 소리가 가리키는 사물이 있다는 사실을 알게 되는지 그 정확한 경로와 이유는 밝혀지지 않았다. 하지만 모든 아기들이 그것을 터득한다.

모유어는 구체적이어서 보고 만질 수 있는 사물의 이름이 대부분이다. 그러나 인간의 삶에는 모유어만으로 표현할 수 없는 많은 것들이 존재한다. 우리 인간의 문화는 그렇게 눈에도 보이지 않고 소리로도 들리지 않으며 형태도 없는 언어에 의해 만들어져왔다고 할 수 있다.

모유어가 구체어인 데 비해 이유어는 추상어라고 할 수 있다. 따라서 모유어와 이유어는 전혀 다르다. 모유어가 '젖'과 같은 구체적인 단어를 가리키는 말이라면 이유어는 실체를 볼 수 없는 '이야기'라고 할 수 있다. 머릿속으로 상상해서 그려볼 수는 있어도 눈앞의 사물처럼 볼 수 없는 것이다.

아기가 살아가는 데 모유는 없어서는 안 되는 것이지만 그렇다고 언제까지나 젖만 먹고 살 수는 없다. 생후 6개월부터는 모유 섭취만 가지고는 영양이 부족해져 제대로 성장하기 어렵다.

그래서 아기가 생후 6개월쯤 되면 이유식을 시작한다. 이유식은 모유와 달리 고형물이 들어간 죽이라 할 수 있다. 아기에 따라 이유를 거부하거나 젖만 먹으려는 아기도 있는데, 이런 경우에는 엄마들이 억지스런 방법을 써서라도 이유식으로 넘어간다.

원래 모유어나 이유어라는 개념 자체가 없었기 때문에 아기의 언어는 한 가지라고 생각해왔다. 아기의 언어에 대해 특별히 신경 쓰는 사람도 없었그, 제대로 알고 있는 부모도 거의 없었다. 그러나 이제부터라도 아이의 언어력을 확실히 끌어낼 수 있는 방법을 진지하게 고민해나갈 필요가 있다.

아이가 지어내는 말에
예민할 필요는 없다

모유어는 언어와 사물이 동떨어져 있지 않고 '함께' 있다. '멍멍이'라고 하면 실제로 눈앞에 개가 있다. 모유어에서는 보이는 곳에 개가 없으면 멍멍이라고 말할 수 없다. 모유어는 그렇게 구체적으로, 단어(이름)와 사물을 곧바로 연결시킨다.

이유어는 모유어와 전혀 다른 역할을 하는 언어로서, 언어와 사물이 함께 있지 않다. 따라서 단어는 단어이고, 사물은 사물이라는 사실을 알게 될 때에야 아이는 이유어를 이해할 수 있게 된다.

모유어는 현재 눈앞에 있는 것을 표현하는 언어이므로 자신이 있는 공간 안에 없는 것은 표현이 불가능하다. 진짜로 존재하는 것만 모유어로 표현할 수 있으니까 말이다. 그와 반대로 이유어는 단어와 사물은 전혀 상관없는 것이라는 전제가 있다. 따라서 모유어에서는 없는 말을 지어낼 수 없고, 이유어에서는 실재하지 않는 것을 있는 것처럼 말할 수 있기 때문에 없는 이야기를 꾸며내거나 지어내는 게 가능하다.

부모는 아이에게 '없는 말을 지어내거나 꾸며내서는 안 된다'라는 말을 섣불리 하지 않는 게 좋다. 언어는 고도의 커뮤니케이션 수단으로 진짜로 눈앞에 존재하는 것만 표현할 수 있는 것이 아니다. 우리 인류는 이 세상에 존재하지 않는 것을 언어로 표현하고 그것을 이해함으로써 문화를 구축해왔다. 또한, 언어는 인류의 문화를 이어받아 다음 세대로 전달하는 데 있어서 꼭 필요한 도구이다.

동물에게도 그들끼리 의사소통이 가능한 수단이 있기는 하지만, 인간의 추상적인 언어 수준까지 도달하지는 못한다. 따라서 동물은 말을 지어내거나 꾸며낼 수 없고, 픽션을 만들어내지도 못한다.

요즘에 비하면 옛날 사람들은 아이의 언어습득에 관해 매우 느긋하고 태평했다. 아이가 저절로 언어를 습득할 때까지 그냥 놔두었다. 그런 상

황에서 아기는 어떻게 고도의 언어활동까지 가능해졌을까?

대개의 부모가 자신도 모르는 사이에 아이의 '언어 이유'를 담당해왔기 때문이다. '옛날이야기'를 통해 모유어를 버리는 것이 아니라 모유어에 이유어를 추가해왔던 것이다.

옛날이야기를 듣고 자란 아이는
상상력이 남다르다

'옛날 옛날 어느 산골에 할아버지와 할머니가 살았습니다…….'

여기서 '옛날'이라는 것은 추상어로서 보고 만질 수가 없는 말이다. '어느 산골'이라는 말도 추상어인 것은 마찬가지다. 또한, 할아버지와 할머니는 구체적인 대상이지만 '옛날 옛날 어느 산골에 사는 할아버지와 할머니'는 시공을 초월한 가공의 존재여서 추상어와 다름없다.

추상어로 가득한 이런 이야기를 듣고 아이가 금세 이해하는 것은 불가

능하다. 이 세상에 한 번 듣고 옛날이야기를 이해하는 아이는 한 명도 없을 것이다. 전혀 이해할 수 없는 추상적인 단어를 어린아이가 이해할 수 있게 되는 것은 반복해서 듣기 때문인데, 이것이 바로 모유어와 모성어를 반복해서 들려줘야 하는 이유이다.

언어는 반복 듣기를 통해 체득되고 그 뜻을 이해할 수 있게 된다. 언어 습득 과정에서 반복 듣기가 중요한 것은 사실이지만 그렇다고 하염없이 하나의 이야기만 계속해서 들려줄 수는 없는 노릇이다. 언제까지나 곶감이 무서워 도망치고 말았다는 호랑이 이야기만 들려줄 수는 없다는 말이다. 시간이 지나면 새로운 이야기를 들려줘야 한다. 다양한 이야기를 충분히 반복해서 들려주도록 하자.

제비 다리를 고쳐주고 큰 복을 받았다는《흥부 놀부》도 좋고, "떡 하나 주면 안 잡아먹지"라고 으름장을 놓던 호랑이가 나오는《해님 달님》이야기도 좋다.

제2차 세계대전 이후 이유어를 가르치는 새로운 방식이 생겨났다. 옛날이야기나 동화를 직접 아이에게 들려주는 방식에서 책을 읽어주는 방식으로 대체된 것이다. 들려주기에서 읽어주기 방식으로 바뀐 셈이다.

왜 이런 새로운 방식이 나타났을까? 우선, 엄마 자신이 어린 시절에 옛날이야기를 많이 듣고 자라지 못했기 때문에 머릿속에 해줄 수 있는 이야 깃거리가 없었기 때문이다. 아이는 어른들이 생각하는 것보다 훨씬 더 예리하고 기억력도 좋다. 같은 옛날이야기를 해주면서 예전과 다르게 이야기를 전개해나가면 아이는 어느 부분이 어떻게 다른지를 콕 집어서 말하며 어른들을 당황하게 만든다. 그런데 책을 읽어주면 그런 염려가 없다. 이것이 들려주기에서 읽어주기 방식으로 바뀌게 된 또 하나의 이유가 아닐까 싶다.

요즘에는 동화책도 번역서들이 많다. 그렇다 보니 동화에 등장하는 주인공 이름이나 외래어 낱말들은 소리가 귀에 익숙지 않다. 그런 책들을 읽어주면 아무리 엄마의 목소리라도 친근감이 느껴지기 어렵다.

책을 읽어주더라도 아이 앞에서 책을 읽어주는 것보다 그 책을 엄마가 먼저 읽고 외워서 아이에게 자신의 목소리로 들려주는 편이 훨씬 좋다. 이야기를 읽어주는 것과 들려주는 것은 언어의 스킨십이 많이 다르다. 아이는 그 언어의 스킨십으로부터 어른들이 상상도 못하는 많은 것들을 흡수한다.

아이에게는 할머니가 들려주는 옛날이야기가 가장 좋지만, 예전처럼 조부모와 함께 사는 가정이 드물기 때문에 여건상 어렵다.

한편, CD로 옛날이야기를 들려주는 것은 어떤지 묻는 사람들이 있다. 아무것도 하지 않는 것보다야 낫겠지만 스킨십이 없다는 단점은 있다.

아이는 태아 때부터 발달한 훌륭한 청각 덕분에 모유어와 이유어 시기를 거쳐 태어난 지 불과 3, 4년 만에 하나의 언어를 완벽하게 습득해낸다. 아이는 누가 특별히 가르쳐주어서 말을 할 수 있게 되는 것이 아니다. 스스로 언어의 문법과 체계를 완성한다는 점이 그저 놀라울 따름이다.

아이의 이 언어능력을 나는 '절대어감'이라 이름 붙였다. 확실히 밝혀진 것은 아니지만 인간은 잠재적 언어능력으로 이 절대어감을 갖추고 있는 것 같다.

음악의 세계에서 어떤 음을 듣고 다른 음과 비교하지 않아도 그 고유의 음높이를 곧바로 판별할 수 있는 능력을 절대음감이라고 한다. 절대음감은 보편적인 것이므로 누구에게나 똑같이 적용된다. 그러나 절대어감은 한 사람 한 사람이 전부 다르다. 제각기 다른 환경 속에서 완성해낸 개성적인 언어 시스템인 것이다.

텔레비전은
아이의 상상력을 죽인다

텔레비전을 틀어놓으면 끊임없이 소리가 흘러나온다. 현란한 화면은 빠른 속도로 바뀐다. 아기는 텔레비전을 통해 틀림없이 여러 가지 것들을 배울 것이다. 그러나 신생아나 유아의 언어 선생님이라는 관점에서 보면 옛날 엄마들이 가르쳤던 방식보다 그 효과가 훨씬 뒤떨어진다. 그리고 텔레비전의 가장 나쁜 점은 스킨십이 결여되어 있다는 점이다. 텔레비전은 상호작용이 아닌 일방통행이기 때문에 마치 다른 세계의 언어라고 할 수 있다. 나는 지금 텔레비전이 좋다 나쁘다에 대

해서 말하려는 것이 아니다. 이런 환경이 지금까지와는 다른 인간을 만들어내고 있다는 사실을 누구 하나 심각하게 받아들이지 않고 있다는 사실의 심각성을 얘기하고 싶을 뿐이다.

아이가 매일 텔레비전을 보고 듣다 보면 어느새 텔레비전에 등장하는 언어를 절반 정도 파악하게 된다. 간혹 억양까지 따라하는 아이도 있다. 엄마가 이야기해주는 것보다 훨씬 더 많이 알게 될 수도 있다. 당장 눈앞에 영상이 있기 때문에 엄마가 이야기해주는 것보다 훨씬 더 많이 알 수도 있다.

엄마와 이야기할 때는 영상이 없다. 그렇다 보니 화려한 영상까지 함께하는 텔레비전이 언어 선생님으로서 엄마보다 훌륭하다고 생각하는 사람들도 있다. 그러나 사실은 그렇지 않다.

이미지 중심인 텔레비전에서 나오는 언어는 그림들 사이에서 들리는 반주라고 할 수 있다. 그래서 언어의 이해도는 높아진다. 이해하기 쉽다는 것은 언어를 배우고자 하는 아이에게 좋은 여건이 아니다. 이해하기 쉽다는 것은 상상할 필요성이 적어진다는 말이기 때문이다.

따라서 엄마의 이야기를 듣는 것은 텔레비전을 보는 것보다 훨씬 고도의 두뇌작용을 필요로 한다. 더욱이 옛날이야기 속에는 그림이 없는 추상어들이 계속 등장하기 때문에 이야기를 들으면서 계속해서 상상을 하게 된다.

텔레비전은 라디오보다 나중에 등장했기 때문에 라디오보다 발달한 매체라고 생각하기 쉽지만, 표현양식 면에서 보면 오히려 후퇴했다고 볼 수 있다. 상상하는 것들을 고스란히 시각적으로 재현해내기 때문이다.

요즘에는 입체적으로 재현해주는 3D기술이 일반화되었다. 3D 텔레비전은 일반 텔레비전에 비해 사물을 훨씬 더 사실적이고 입체적으로 보여준다. 그러나 상상할 수 있는 여지나 기회를 뺏앗아간다는 측면에서 보면 표현양식으로서는 차원이 더 낮은 것이라 할 수 있다.

컬러텔레비전이 처음 등장했을 때 기술적으로 엄청나게 진화한 영상이 탄생했다고 떠들썩했지만, 의외로 재미가 떨어진다는 반응도 많았다. 오히려 흑백 영상이 더 재미있다고 말하는 사람들이 적지 않았다.

컬러영상은 흑백영상보다 구체적이어서 보는 사람이 상상력을 자극받는 일이 줄어든다. 재미는 상상력을 자극받았을 때 느끼는 것이다. 따라서 상상력을 덜 자극하는 컬러영상이 더 재미가 없는 것은 당연한 일일 것이다.

텔레비전과 라디오도 마찬가지다. 텔레비전은 라디오보다 훨씬 구체

적이다. 따라서 라디오보다 이해하기 쉽고, 그만큼 상상력을 작동할 일이 적어지며, 재미도 없어진다. 텔레비전을 바보상자라고 부르는 것은 텔레비전이 우리의 상상력을 작동시킬 기회를 차단시키기 때문이다.

아이에게는 태어날 때부터 풍부한 상상력이 잠재되어 있다. 그 잠재되어 있는 상상력을 깨어나게 하려면 옛날이야기처럼 추상적인 이야기를 들려줌으로써 자극을 줄 필요가 있다.

아주 오랜 옛날부터 인간은 그런 방식으로 성장해왔다. 그런데 텔레비전이 등장하면서 가공의 세계와 비현실적인 언어를 이해할 수 있는 기회를 점점 더 잃어가고 있다. 요즘 많은 부모들이 아이가 초등학교에 들어가서야 창의력을 키워준답시고 학원에 보낸다는 얘기를 들었다. 그런데 창의력이나 상상력은 학원에 가서 배우는 것이 아니다. 엄마 품속에서 자라는 유아기 때 아이의 창의력과 상상력도 함께 자란다는 사실을 하루 빨리 부모들이 인식해야 할 것이다.

텔레비전으로 인해 아이의 지능발달에 당장 문제가 생기는 것은 아니지만 장기적으로 봤을 때 커다란 지장을 초래할 것은 분명하다. 미국에서도 한때 '아이에게 텔레비전을 시청하게 할 것이냐 못하게 할 것이냐(TV or not TV)' 하는 문제가 전 국민적 논쟁이 된 적이 있었다.

텔레비전이 베이비시터 역할을 겸하게 되면서 가장 곤란에 처한 대상은 물론 아기이다. 아기는 텔레비전을 보고 싶지 않더라도 꺼달라는 의사표현을 할 수가 없다. 따라서 부모와 사회가 그런 유해한 환경을 올바른 환경으로 개선해주어야 한다.

그렇다고 해서 지금 당장 텔레비전이 없는 생활을 시작할 수는 없다. 어떻게 하면 같은 여건 속에서도 아이의 지능을 키워줄 수 있을지에 대해 진지하게 고민하고 그 방법을 찾아야 할 것이다.

한편, 텔레비전으로 인해 사람들의 음성이 매우 커졌다. 아마 인간이 지금처럼 큰소리로 이야기를 나누는 일은 인류 역사를 통틀어 봐도 처음일 것이다. 특히 젊은 여성들의 목소리는 금속음에 가까워서 매우 날카로워 불쾌감이 들 때가 많다. 이것 역시 텔레비전의 영향이라고 생각한다.

목소리가 너무 큰 것이 꼭 나쁜 것만은 아닐 테지만, 큰소리로 이야기를 하는 동안은 두뇌작용이 멈춘다고 하니 좋지 않은 것만은 확실하다.

타고난 오감 능력으로
미래 가능성을 키워줘라

인간에게는 청각 외에 시각, 후각, 촉각, 미각이 있는데, 이것을 '오감'이라고 한다.

차 문화가 발달한 영국은 인도와 동남아시아로부터 홍차를 수입한다. 세관에는 홍차 감별사가 있어서 홍차 잎을 씹어보고 그 좋고 나쁨의 등급을 매긴다. 그 평가등급에 따라 홍차의 가격은 천차만별이 된다. 홍차 감별사를 티테이스터^{teataster}라고 부르는데, 티테이스터는 상당한 미각의 소유자만 할 수 있다.

병아리의 암컷과 수컷을 식별하는 감별사도 있는데, 이들에게는 시각적 능력이 요구된다. 감별사는 알에서 깨어난 병아리의 꼬리를 보고 순식간에 암컷인지, 수컷인지를 구별해낸다.

선천적으로 타고난 능력은 여차하면 그대로 잠들어 있을 수도 있지만 주변의 자극만 있다면 계속해서 발전하게 된다.

우리는 아이에게 맛에 대해 특별히 가르치지 않는다. '맛있는 맛이란 이런 거란다'라고 굳이 가르치지 않아도 아이는 직접 먹어보고 '이것은 맛있고 저것은 맛없다'라는 경험을 축적하면서 맛있는 것과 맛없는 것을 구별해낸다.

미각은 인간에 따라 다르고, 출신지역에 따라서도 상당히 달라진다. 주변 어른들이 매운 것을 맛있다고 하는 지역환경에서 자란 아이는 매운맛을 맛있는 것으로 느끼는 미각을 갖게 된다.

미각, 청각, 시각은 문화와 깊은 관련이 있다. 때때로 천재 피아니스트가 등장했다는 이야기가 뉴스를 뜨겁게 달구는 경우가 있는데, 아이가 타고난 가능성을 좀 더 잘 키워주면 음악 천재도 지금보다 훨씬 더 많이 나올 것이라고 생각한다. 마찬가지로 서양의 명화를 감상한다거나 미술관을 자주 찾아다니는 경험은 아이의 색채감각이나 조형감각을 세련되게

만들어줄 것이다.

오감 중에서 촉각과 후각은 평소에 관심받지 못하는 감각이다.

여성은 남성에 비해 촉각이 더 발달해 있다. 남성들은 물건을 살 때 꼭 만져보거나 하지 않는데, 여성은 만지면 안 된다는 말을 듣고도 굳이 만져서 확인하려고 든다. 여성은 어릴 때부터 촉감에 민감해서 손으로 만져봐야 비로소 정확히 알 수 있다고 생각하는 경향이 있다. 이처럼 어릴 때부터 벨벳같이 보드라운 느낌, 반대로 까슬까슬한 감촉을 느낄 수 있는 것들을 의식적으로 만져보게 하면 촉각 능력을 향상시킬 수 있다.

후각도 우리가 살아가는 데 있어서는 반드시 필요하다. 그러니 후각을 무시하지 말자. 아이는 20~30가지 종류의 향기를 구분할 수 있다고 한다. 보통의 어른들은 꿈도 꿀 수 없는 능력이다. 이 같은 후각과 촉각도 그 능력을 잘 발달시킨다면 '냄새의 예술'과 '촉각의 예술'을 탄생시킬 수 있을 것이다.

지금부터라도 아이를 키울 때 언어능력뿐 아니라 인간 본래의 능력을 되살린다는 의미에서라도 오감 능력을 키우는 노력을 기울여보자.

문자 중심의 교육에서
벗어나라

우리는 지금까지 아이에게 교육을 시킨다고 하면서 오히려 망쳐왔던 점을 인정해야 한다. 이 점에 대해 솔직하게 인정하고 반성하자.

과거는 다자녀를 낳던 시대여서 다소 교육이 실패하거나 서툴러도 '이번에는 어쩔 수 없다'는 말로 쉽게 단념하기도 했지만 지금 시대는 그런 변명이 통하지 않는다.

요즘 젊은 엄마들은 "하나 키우는 것도 이렇게 힘든데 옛날 엄마들은

어떻게 다섯이나 키웠을까요? 저는 절대 못 키워요"라고 말한다. 하지만 아이 다섯을 낳아 키운다고 해서 하나를 키울 때보다 다섯 배 더 고생하는 것은 아니다. 큰아이들이 자라면서 동생들을 보살펴주고 부모의 일을 도와주어서 모든 아이에게 똑같은 에너지를 쏟아붓지 않아도 되기 때문이다.

옛날에는 형제가 일고여덟인 집이 흔했다. 지금 부모들은 아이를 기껏해야 하나나 둘밖에 낳지 않기 때문에 육아의 경험이 축적될 새가 없다. 이것을 선생님과 학생의 관계에 빗대어 말하면 요즘 아이들은 경험 없는 선생님으로부터 가르침을 받아야 하는 학생이라 할 수 있다.

어른들은 기본적으로 자신이 아이들에게 언어교육을 하고 있는 것을 의식하지 못한다. 훌륭한 능력을 가지고 태어나 그것들을 키워나가야 할 아이에게는 정말로 안타까운 일이 아닐 수 없다.

처음 태어날 때부터 문자를 알고 있는 인간은 한 사람도 없다. 전부 음성언어를 통해 문자를 배웠다. 음성언어가 어느 정도 완성되어야 비로소 문자를 습득하고 이해할 수 있게 된다.

지식을 쌓는 데는 음성언어보다 문자가 편리하다는 인식이 있어서, 지금의 교육은 대부분이 문자중심의 교육으로 이루어지고 있다.

앞으로 언어학이 더 발달하면 영세아 때부터 절대어감을 획득하는 40여 개월 동안 어떤 일이 벌어지는지 그 과정이 좀 더 명료해지고, 아이가 가지그 있는 언어능력도 좀 더 구체적으로 파악할 수 있게 될 것이다.

자장가는
모유어의 역할을 한다

우리는 목소리를 그다지 중요시하지 않으며, 자신의 목소리를 의식하는 일도 별로 없다. 그러나 목소리에 따라 상대에게 전달되는 인상이 크게 달라진다.

영국의 전 수상 마거릿 대처는 중의원 시절에 한 전문가로부터 "당신의 목소리는 반 옥타브 높습니다. 그런 목소리는 사람들에게 너무 차가운 느낌을 주게 됩니다. 목소리 톤을 낮추면 좀 더 온화한 느낌을 주게 될 것입니다"라는 의견을 듣게 되었다. 대처 수상은 곧바로 트레이닝을 시작했고, 목소리 톤을 낮추는 데 성공했다. 그때부터 사람들에게 전달되는 인상이 바뀌었다고 한다.

평생 동안 인간이 말하는 양은 실로 막대하다. 그 엄청난 양을 표현하는 목소리가 좋은 쪽으로 발달하고 있느냐 아니냐에 따라 그 사람의 몸과 정신의 모습은 크게 달라진다. 그런 목소리의 기본적 양상이 태어나서 몇 년 만에 정해진다고 하니, 경각심을 가지고 목소리에 관심을 가져야 할 것이다.

최근에는 아이에게 자장가를 불러주는 엄마들이 별로 없는 듯한데, 자장가를 불러주거나 바이올린이나 피아노 연주를 직접 해주면 아이의 청각에 좋은 자극을 주게 된다고 한다. 멜로디를 입으로 흥얼거리는 것만으로도 충분히 좋은 자극이 된다고 하니 아이를 키우는 엄마들은 지금부터라도 실천할 것을 권한다.

자장가는 모유어와 비슷한 역할을 한다. 세계 어느 나라든지 자장가의 멜로디는 비슷비슷하다. 자장가는 아이를 재우거나 마음을 진정시킬 때 불러주기 때문에 대부분이 잔잔하고 안정된 멜로디를 가지고 있다. 아이는 그런 음악 을 들으면서 자신에게 맞는 음과 멜로디를 선택해 '세 살 버릇'과 같이 자기만의 것을 만든다.

　아이가 무언가를 배우는 시간은 활동성이 가라앉고 머릿속의 긴장이 풀렸을 때이다. 그때 배우는 것들은 뇌의 매우 깊은 부분에까지 영향을 준다고 한다. 아기가 활동적일 때는 의식의 표층에서 반응하던 것들이 졸음이 쏟아지게 되면 더 깊은 부분으로 들어가게 되기 때문이다.

　따라서 육아에서는 잠들기 전의 시간이 매우 중요하다. 그만큼 아이를 재울 때 옛날이야기나 자장가, 음악을 들려주는 것은 교육적으로 매우 바람직하다.

2개 국어를 하는 아이,
부러워할 것 없다

지식으로서 외국어를 강제로 가르치는 것이 정말로 좋은 일인지 아닌지는 알 수 없다. 수많은 교육학자들이 지금 그것을 연구 중일 것이다.

요즘은 서너 살만 되어도 영어를 가르치기 시작한다. 그러나 인간의 뇌 구조는 두 개의 언어를 동시에 습득하도록 되어 있지 않다.

요즘과 같은 글로벌 시대에는 외국어가 실용적 가치가 높기는 하다. 외국어를 할 줄 알면 여러 모로 도움이 된다. 그러나 평생에 외국에 나갈 일

이 한 번도 없는 사람이라면 무리해서 외국어를 배울 필요가 없다.

또 한편에서는 실용적, 사회적 가치를 인정한다면 유아기 때부터 외국어를 가르치자는 의견이 요즘 대세인 듯하다. 그러면 아기 때부터 외국어를 가르치면 어떻게 될까?

단순히 영어를 배우는 문제라면 그 나이는 빠를수록 좋은 게 사실이다. 태어나자마자 2개 국어를 동시에 배우면 아마도 매우 쉽게 바이링걸 bilingual(두세 가지 언어를 사용하는 이중언어자)이 될 수 있을 것이다. 그러나 현실적으로 부모가 2개 국어를 가르치는 것은 불가능하다.

2개 국어를 동시에 가르치게 되면 당연히 아기는 혼란스러울 것이다. 그러나 고도의 언어능력을 가지고 태어난 아이는 소리와 언어를 구별해냈듯이 어떻게든 모국어와 외국어를 구분해낼 것이다.

2개 국어를 해야 하는 캐나다에서는 아이들이 매우 고생을 한다고 한다. 캐나다의 뇌생리학자 펜필드 Penfield는 2개 국어가 뒤섞이지 않도록 수단을 강구해야 한다고 지적했다. 그는 프랑스어를 말하는 방과 영어로 말하는 방을 구분할 것을 주장했다. 영어로 말할 때는 뉴욕의 상징인 자유의 여신상 등을 이용해 미국적 분위기를 만들고, 프랑스어로 말할 때는 파리의 에펠탑 등을 사용해 프랑스풍의 방 분위기를 만들자는 것이다. 각각의 방에 들어서면 자연스럽게 두뇌가 영어와 프랑스어에 적합하게 바뀌게 되고, 그렇게 하면 2개 국어가 뒤섞이지 않는다는 것이 펜필드의 주장이었다.

안타까운 일이지만, 이중언어를 동경하는 사람들의 수는 갈수록 늘고 있다. 그러나 유아기에 가정에서 외국어를 가르칠 필요는 전혀 없다.

이중언어자를 동경하는 젊은 엄마들이 꽤 많은데, 알고 보면 그것이 득보다 실이 더 많다. 많은 사람들이 2개 국어를 알고 있으면 두 배까지는 아니라도 언어를 하나만 알고 있는 것보다 더 많은 것을 알게 되고, 더 깊은 사고를 할 수 있다고 오해하고 있다.

그런데 사실은 전혀 그렇지 않다. 실제로는 하나의 언어밖에 모르는 아이보다 사고의 폭이 깊지 못한 경우가 많다. 일상적인 대화는 2개 국어로 충분히 할 수 있지만, 깊은 사고를 해야 한다거나 이해력이나 통찰력이 필요한 이야기는 잘 이해하지 못한다. 이런 점을 생각하면 영어의 중요성이 커졌다고 해서 무턱대고 아이들을 영어교육의 장으로 들이미는 것은 매우 어리석은 결정일 수 있다.

이증언어자에 대한 연구가 진행 중이므로 21세기 후반쯤 되면 유아기에 2개 국어를 가르치는 것이 좋은지 나쁜지에 대한 결론이 날 것이다.

꼭 유아에게 외국어를 가르쳐야 한다면 오랫동안 꾸준히 지속적으로 해야 한다. 어느 정도 말하고 듣는 게 가능해져도 계속 사용하지 않으면 애써 익힌 외국어는 무용지물이 되어버린다.

외국에 나가 살면서 몸에 익힌 영어는 고국에 돌아와도 한동안은 기억하게 된다. 그러나 5, 6년쯤 지나면 완전히 잊어버리는 경우가 허다하다. 유아는 매우 빨리 배우는 대신 그만큼 빨리 잊어버린다.

3년간 영국에 살면서 영어를 꽤 잘하던 아이가 자신의 나라에 돌아와서 고등학생쯤 되자 영어를 전혀 기억하지 못하는 경우도 있었다. 비단 영어뿐 아니라 외국어 공부는 꾸준히 계속하지 않으면 의미가 없다는 것을 명심하자.

또 한 가지 중요한 것은 외국어를 배우기에 앞서 우선 모국어로 자신의 생각을 정확하게 말할 줄 알아야 한다는 점이다. 그 다음에 외국어로 자신의 생각을 명확하게 밝힐 수 있도록 공부하는 것이 올바른 순서다. 이른바 '브로큰 잉글리시'도 상관없다.

비영어권의 사람이 자신도 영국인이나 미국인처럼 영어로 유창하게 말할 수 있을 것이라고 생각할 수는 있지만 그것은 착각이며, 애초에 불가능한 일이다. 무리해서 그렇게 네이티브스피커처럼 말하려 들면 심각한

스트레스를 받게 된다.

해외의 리더들 중 상당수가 이중언어자이지만 국제기관의 장이 되어 연설할 때는 브로큰잉글리시를 사용하면서도 전혀 개의치 않고 활동한다. 대부분의 사람이 영어를 할 때 문법적 실수를 할까 두려워하고 완벽한 영어를 구사할 때 입을 잘 떼려 하지 않는다. 그런 사람은 외국어를 배우기 어렵다.

외국어는 어떻게든 의사소통만 되면 된다. 그렇게 생각을 고쳐먹으면 외국어에 대한 부담감을 덜어낼 수 있게 된다.

유창한 영어를 쓰는 것보다 자신의 생각을 확실히 가지는 것이 우선이다. 또한, 그것을 모국어로 정확하게 표현할 수 있는 것이 더 먼저이다.

3장

0~7세 때는
'듣고 말하기'가
가장 중요하다

아기는 반쯤
알아들으면 웃는다

아이는 네 살쯤 되면 구체적인 언어를 사용하면서 동시에 추상적인 언어도 사용할 수 있게 된다. 즉 모유어와 이유어를 구분해서 사용하기 시작한다.

모유어와 이유어는 언어의 성질이 다르다. 구체적인 단어라고 할 수 있는 모유어를 많이 알게 된다고 해도 곧바로 추상적인 언어를 이해하게 되는 것은 아니다.

처음에 이유어는 아이에게 현실과 전혀 상관없는 언어처럼 들릴 것이

다. 어쩌면 전혀 알아듣지 못하는 외국 말로 무슨 말인가를 열심히 주고받고 있는 사람들 속에 있는 느낌일지 모르겠다.

모유어와 이유어의 차이를 서서히 알게 되는 아이는 네 살쯤 되면 이유어를 조금씩 이해하기 시작한다. 예를 들어, 《흥부 놀부》 이야기를 들려준다고 하자. '흥부가 부러진 제비의 다리를 치료해주자 그 은혜를 갚기 위해 박씨를 물어다주었다'는 내용을 아이는 이해하지 못한다. 더욱이 '박 속에서 보물이 나왔다'는 말을 이해할 리 만무하다. 또한, 《해님 달님》에서 '오누이가 하늘에서 내려온 동아줄을 타고 올라가 오빠는 달님이 되고 동생은 해님이 되었다'는 이야기도 마찬가지다. 그런데 그 이야기를 반복해서 듣다 보면 아이는 서서히 이유어를 파악하게 된다.

물론 어른들은 이런 사정을 고려하지 않고 그냥 이야기책을 읽어준다. 아이는 내용을 이해할 수는 없지만 일단은 열심히 듣는다. 여러 번 반복해서 듣고 있다 보면 점차 그 내용이 이해되는 것이다.

아이는 상대가 이야기하는 내용을 알아들으면 웃음을 짓는다. 아이의 웃음은 이야기를 막 이해하기 시작했다는 표현이라고 이해하면 아마 정확할 것이다. 이 '웃는다'는 행위는 매우 중요한 반응인데, 우리 어른들은 거의 관심을 두지 않는다. 그런데 유럽에서는 말을 걸었을 때 아이가 웃느냐 웃지 않느냐에 무척 관심을 가진다고 한다.

어른들이 하는 말을 정확히는 아니지만 왠지 알 것 같은 기분이 들면서도 애매모호한 구석이 여전히 많이 남아 있을 때 아이는 웃는 행위를 통해 조금씩 자신의 스트레스를 해소한다.

어느 연구에 따르면, 이야기의 논리적인 부분이 80퍼센트 정도 파악됐을 때 아이는 웃음을 짓고, 전혀 이해하지 못할 때는 웃지 않는다고 한다. 말하자면 아이가 웃음을 짓는 것은 '조금 알겠다'는 표현인 셈이다.

어른들도 마찬가지지만, 이야기의 세부적인 내용 하나하나를 알고 나면 재미도 없어지고 웃음도 나오지 않는다. 반쯤 알아들었을 때 상대가 하는 말에 자신의 생각을 보충하거나 해석을 가미해가면서 웃음을 짓게 된다.

우리는 아이가 본능적으로 웃음에 그런 지적인 의미를 담아 표출한다는 사실에 대해 지금껏 주의를 기울이지 않았다.

옛날부터 우리는 아기를 어를 때 간지럼을 태우거나, 손으로 얼굴을 가렸다, 열었다 하면서 "있다", "없다"라고 말하며 까꿍놀이를 했다. 아기는 자기가 알고 있는 사람의 얼굴이 갑자기 사라졌다가 순식간에 다시 나타나면 '앗' 하고 깜짝 놀란다. 그리고 재미있다는 듯이 까르르 웃는다.

웃음은 모유어에서 이유어로 전환될 때 나오는데, 이유어 단계에서는 아기의 웃음에 담긴 의미가 더욱 확실해진다. 모유어를 배울 때도 웃기는 하지만 이해했다는 뜻과는 상관이 없다. 적어도 지적인 웃음은 아니다.

부모 입장에서 웃음은 이유어를 이해했다는 하나의 증거로 보면 되고, 아이 입장에서는 '알았다', '이해했다'라는 표현이라고 보면 된다. 따라서 아이가 웃을 때는 옆에 있는 사람도 따라 웃는 게 좋다. 모처럼 웃음을 지었는데 상대가 아무런 반응을 보이지 않으면 아이는 실망감에 맥이 빠진다.

아이가 웃는 것을 확인했다면 마주보며 웃어주자. 그러면 아이는 웃는 것은 좋은 일이라고 생각하게 되어 더 많이 자주 웃게 될 것이다.

아기는 웃는 행위를 통해 꽤나 복잡한 것도 이해할 수 있게 된다. 또한, 이해하려는 노력을 하게 된다. 아이가 뭔가를 해보고자 하는 노력의 원천이 바로 '웃음'인 셈이다.

유아의 웃음은
지적인 성숙을 의미한다

유럽의 여러 나라에서는 유아의 웃음을 지적 성숙의 증거로 들면서 서로 경쟁까지 하는 모양이다. 그만큼 유아의 웃음을 중요한 요소로 파악하고 있는 것이다. 우리도 아이가 웃으면 "웃었다! 웃었다!"라고 환호는 하지만, 웃음을 아기의 두뇌작용이나 언어의 이해 차원으로까지 연결시켜 생각하지는 않는다.

오랫동안 유교문화를 숭상해왔던 우리 조상들은 웃음을 높게 평가하지는 않았다. 자녀를 키울 때에도 조금 덜하기는 했지만 마찬가지였다. 그

러나 웃음이 지적 이해력을 판단하는 하나의 기준임을 알게 된 지금부터라도 육아방식을 바꿔나가야 한다.

대부분의 옛날이야기들은 뜻밖의 인물이나 동물이 등장하고 기상천외한 사건이 벌어져 아이를 깜짝 놀라게 하면서 큰 재미를 준다. 이런 옛날이야기뿐만 아니라 지적인 웃음을 유발하는 '이야기'들을 좀 더 많은 아이들에게 들려줄 수 있는 방법에 대해 우리 어른들은 고민해야 할 것이다.

옛날이야기는 아이들이 추상적인 상황을 어느 정도 이해하게 되었는지를 보여주는 좋은 척도가 된다. 이야기 속에서는 무섭거나 우스꽝스러운 괴물이 등장하고 평소 주변에서 볼 수 없는 희한하면서도 신기한 사건들이 계속해서 벌어지기 때문이다.

막 말을 하기 시작한 아이의 언어는 의미가 있다기보다는 본능적으로 튀어나오는 말에 가깝다. 그래서 다른 사람의 이야기를 들어도 의미를 이해하지 못하기 때문에 웃지 않는 것이다.

그러다가 '있다', '없다'를 반복하는 까꿍놀이가 가능해질 즈음부터 반응이 달라지기 시작한다. 그때쯤부터 옛날이야기를 들려주면 어느 정도 알아들은 아이는 활짝 웃음을 짓는다.

옛날이야기에 익숙해지게 되면 아이는 더 이상 예전처럼 크게 즐거워하지 않는다. 그때부터는 이야기의 일부를 조금씩 바꿔서 들려주는 것이 좋다. 아이는 "틀렸어! 그게 아니잖아"라고 말하면서도 한편으로 재미있어 한다. 자기가 알고 있었던 이야기에서 다른 내용이 튀어나오면 새로운 흥미가 생기기 때문이다.

'듣고 말하기'가 먼저이고
'읽고 쓰기'는 그 다음이다

옛날이야기처럼 초자연적이면서 현실과 전혀 동떨어진 세계를 창조할 수 있는 것은 오로지 인간뿐이다. 그것은 우리 인간만이 가지고 있는 문화이며, 제아무리 똑똑한 동물이라도 픽션의 세계를 창조하지는 못한다.

비교적 이른 유아기 단계에서 픽션의 세계를 이해하고, 그것을 즐길 수 있느냐 없느냐는 그 후의 성장에 있어서 매우 중요한 의미를 가진다. 이 시기에 듣기 교육에 손을 놓고 있게 되면 추상적인 것을 이해하는 아이의 지적능력 발달에 악영향을 미칠 우려가 있다.

근대교육의 역사는 기껏해야 200년 정도밖에 안 되었다. 그런데 근대교육이 시작된 이후부터 옛날이야기를 듣는 단계는 무시되고, 언어를 문자화한 '읽고 쓰기'야말로 언어능력의 기본이라고 여겨지고 있다. 그것은 정말 착각이다. 우선 '듣고 말하기'가 이루어지고 나서 '읽고 쓰기'로 연결되는 것이 맞다.

요즘 우리 사회는 '듣고 말하기'를 본격적인 교육에 들어가기 전의 것으로 치부하는 경향이 강하다. 그리고 교육이라고 하려면 적어도 '읽고 쓰기'와 '더하기, 빼기' 수준은 되어야 한다고 생각한다. 교육을 바라보는 이 같은 시각은 완전히 잘못되었다.

취학연령에 이르면 학교교육에서 크게 벗어나 다른 교육 방법을 찾기가 현실적으로 쉽지 않다. 초등학교 교육이 아무리 미흡하고 만족스럽지 못하다고 해도 갑자기 전부를 뜯어고칠 수는 없는 노릇이다. 현실이 그렇다면 아이가 학교에 들어가기 전까지 이루어지는 가정교육이 학교교육의 승부수라고 할 수 있다. 초등학교에 들어가기 전인 이른바 '교육 전 단계'에서 여러 가지 교육들이 가능한데 실제로는 학교에 들어가서 이루어져야 할 교육들을 앞당겨서 하는 데 급급하다. 아이 입장에서는 큰일이 아

닐 수 없다.

초등학교에 들어가면 1학년부터 3학년쯤까지는 아이가 구체적으로 알고 있는 언어를 문자로 쓰고 읽을 수 있으면 필요한 학습은 다 된 것으로 친다. 그리고 4학년부터는 추상적인 언어를 문자화해서 읽고 쓰기를 시작한다. 이처럼 초등학교에서의 교육은 특별한 것이 없다. 다시 말하면 초등학교에서 이루어지는 교육은 아이가 모유어와 이유어로 배운 구체적인 언어와 추상적인 언어를 문자화해서 반복하는 것이라고 정리할 수 있다.

그런데 많은 사람들이 모유어와 이유어의 차이를 확실히 모르기 때문에 초등학교에 가면 언어교육이 처음으로 시작된다고 오해하고 있다.

국어교육에서 읽고 쓰는
능력은 중요치 않다

구체적인 이야기에서 추상적인 이야기로 전환할 때에는 아이가 이미 알고 있는 것이 아니라 알지 못하는 단어를 가르칠 필요가 있다. 그런데 유아기의 아이들은 이 전환이 아주 자연스럽게 이루어진다.

초등학교에 들어가서 문자를 읽고 쓰기 시작하고 그로부터 3년쯤 지난 열 살 전후의 아이들 중에는 추상적인 언어를 이해하지 못하는 아이들이 상당히 많다.

학교에서는 아이들에게 많은 문학작품을 읽도록 권장한다. 물론 소설가를 양성하기 위한 목적이 아니다. 문학작품은 꽤나 추상적인 이야기지만 한편으로는 무척이나 구체적이다. 여러 사람이 등장하고, 등장인물에게는 각각의 이름이 있고, 사건 사고가 벌어지는 현장은 우리의 실제 생활과 거의 비슷하다. 따라서 아이들은 대체로 문학작품의 내용을 쉽게 이해한다.

아이는 작품의 내용을 잘 이해하지 못하더라도 문장이 아주 쉽기 때문에 모유어처럼 읽을 수 있다. 처음에는 문학작품에서 구체적인 이야기만을 읽어내는 데 그치지만, 읽어나가는 동안 '아무래도 이것만은 아닌 듯하다'는 점을 깨닫게 되고, 차츰 문학과 이야기의 진짜 재미에 눈을 뜨기 시작한다.

문제는 거기서부터 생긴다. 경험도 지식도 없는 아이가 상당히 추상적인 것들을 막 이해할 수 있게 되고, 문학작품의 세계를 깊이 있게 이해하기 시작하며 재미를 느끼는 시점에서 언어교육이 끝나버리고 마는 것이다. 그래서 요즘 아이들의 언어교육은 그만큼 아쉽고 부족하고 미흡한 부분이 많다. 유럽에서는 반세기도 훨씬 전부터 이런 식의 교육을 해서는 안 된다는 사실을 깨달았다.

문학작품은 추상적인 미지(未知)의 세계를 언어(=문자)로 표현한 것이다. 그야말로 미지이기 때문에 읽는 사람은 경험한 적이 없다. 그런데 언어의 성질을 알고 있는 사람은 어느 정도의 상상력을 발휘해서 미지의 세계를 이해할 수 있다. 유럽에서는 이 정도 수준은 되어야 제대로 읽는 것이라고 생각한다.

문학작품의 내용과 의미를 제대로 파악하기 위해서는 해석과 통찰력, 상상력 등이 필요하다. 작가의 생각을 적어놓은 문장의 실제 의미와 완벽하게 일치한다고는 할 수 없지만, 읽는 사람은 해석과 통찰력, 상상력을 통해 '아마도 이런 이야기일 것이다'라고 작품의 의미를 파악한다. 이것이 바로 문자를 통해 이유어를 습득하는 단계에 해당하는 학습이다.

우리의 국어교육은 고등학교에 들어가서도 거기까지 도달하지 못하는 경우가 부지기수다. 단순히 '문자 국어교육'으로 끝나고 말기 때문이다. 다행스럽게도 아이들이 문학을 좋아하기는 한다. 그러나 철학과 논리적인 문장, 과학적인 문장은 재미있다고 생각하지 않는다.

언어의 구조를 알면
의미는 저절로 알게 된다

문학작품을 기반으로 해서 현실 세계의 반대편 지점에 있는 추상의 세계를 이해하는 능력을 키워주는 언어교육이 필요하다.

최근 비문학작품을 중시하지 않으면 안 된다는 말이 간간이 나오고는 있지만, 많은 어른이 신문 사설조차 읽지 않는 것이 현실이다. 그동안 언어교육의 목표를 스토리가 있고 감정이입을 할 수 있어서 재미있다고 느껴지는 문학작품을 이해하는 것에 두었기 때문이다.

옛날이야기를 이해하기 시작한 아이는 그 후 추상의 세계로 발을 들여놓는다. 그런데 정작 중요한 학교교육에서는 추상의 세계에까지 손이 미치지 않는다. 그런 사실에 대해 부모들은 물론이고 학교의 교사들도 미처 생각하지 못하고 있다.

한때 "문학적 교재만 쓰는 국어교육은 완전하지 않다. 문학작품 이외의 교재를 국어 교과서로 도입해야 한다"는 주장이 있었다. 소수이기는 하지단 문학교육 그 이상을 목표로 해야 한다고 주장하는 사람들도 있었다. 그러나 그들도 그런 교육목표를 실현하기 위해서 무엇을 어떻게 해야 하는지 그 구체적인 방법을 제시하지 못했다.

옛날 사람들은 '이미 알고 있는 것들을 읽고 이해하는 교육은 아무 소용이 없다. 알지 못하는 것을 알 수 있게 하는 것이 교육이다'라고 생각했다. 교육에 대한 정의를 이보다 정확하게 표현할 수는 없을 것이다. 정작 옛날 사람들이야말로 교육의 개념을 제대로 알고 있었던 셈이다.

오늘날의 학교교육은 처음에는 완전히 알고 있는 것을 다시 배우고, 이어서 알지 못하는 부분이 조금 들어 있는 문학작품을 읽어가는 식의 학습을 반복하고 축적해나가고 있다. 그렇게 하나하나 단계를 밟아나가다 보면 마지막에는 추상적인 문장을 읽고 쓸 수 있게 된다고 여긴다. 이와 같

은 잘못된 교육단계의 틀은 아이들의 국어교육에 많은 아쉬움을 남기고 있다.

'통째로 암기하는 것은 좋지 않다. 내용을 잘 파악하고 이해하는 것이 중요하다.'

흔히들 이렇게 말한다. 그러나 그 반대이다. 통째로 암기한다는 것은 구조를 암기하는 것이다. 언어의 구조는 사람에 따라 달라지지 않지만 의미는 달라진다. 내용은 의미이며, 의미는 읽는 사람에 따라 달라지기 때문에 반드시 일정하지는 않다. 내용의 의미 파악보다 구조를 암기하는 것이 먼저다.

현대사회는 의미를 끊임없이 문제 삼는다. 교육에서도 형태를 암기하는 것보다 우선 의미를 생각한다. 자신이 가지고 있는 지식을 기준으로 그 안에서 의미에 집착한다면 자신이 가진 지식 이상의 것들에 대한 의미를 파악하는 것은 애초에 불가능하다.

사실 언어의 의미는 몰라도 된다. 언어의 구조를 안다면, 그 구조 속에 스스로 의미를 끼워 맞춰볼 수 있다. 만약 끼워 맞췄던 의미가 틀렸다면 틀렸다는 사실을 알았을 때부터 계속 수정을 해나가면 된다.

의미는 매우 주관적이며, 구조는 객관적이다. 객관적인 것에서부터 생각을 정리해나가는 것이 실질적이라고 할 수 있다. 옛날 한문 읽기가 그 전형이다.

어린아이에게는 주관적인 생각이 별로 없다. 따라서 구조에서부터 시작할 수밖에 없다. 초등학생 정도가 되면 어느 정도 자기주장이 생기기 때문에 자기 나름의 언어에 대한 의미를 갖게 된다.

그러나 완전히 추상적인 언어가 새롭게 등장하면 그 의미를 알 수 없다. 의미와 구조를 항상 함께 기억하고 있는 경우에는 의미를 모르는 것이 나오면 금세 포기하고 더 이상 배우려 들지 않는다.

옛날 사람들은 구조는 알지만 의미를 알 수 없는 상태를 '종잡을 수 없다'라는 말로 표현했다. 그와 똑같은 일이 아기가 언어를 배우는 과정에서도 벌어지는데 아기는 종잡을 수 없다고 표현하지 못할 뿐이다. 때문에 아기는 종잡을 수 없는 상태로 열심히 들으면서 구조를 습득해나간다.

구조를 먼저 습득하게 되면 의미는 나중에 저절로 파악할 수 있게 된다. 당장 의미를 알 수 없더라도 구조로서 언어를 이해하는 것이 중요한 이유이다.

유아의 학습능력은
천재에 가깝다

가르쳐주는 사람이 없는데도 유아는 구체적인 언어에서 추상적인 언어로, 즉 모유어에서 이유어로 도약할 수 있다. 이것은 유아가 커다란 잠재능력을 가지고 있다는 하나의 증거이다.

그러나 초등학생이 되면 학력차가 발생하기 시작한다. 왜 그럴까? 아이 개개인의 지적능력의 차이도 물론 있겠지만, 주변 어른들이 아이에게 어떤 형태의 언어를 제공하느냐도 학력차를 발생시키는 데 큰 몫을 한다.

원래 아이들이 타고나는 이해력은 거의 차이가 나지 않는다. 앞서 모든 아이는 천재적이라고 언급한 것은 유아의 능력이 대부분 높고 그 수준이 비슷하기 때문이다. 네 살 정도까지는 개인차가 있더라도 미미한 수준이라고 한다.

아이들의 지적인 학습능력이 학교에 다니기 시작하면서 생긴다고 보는 것은 잘못된 생각이다. 유아기에 매우 고도의 지적 활동이 이루어진다는 사실을 부모가 제대로 이해하고 있다면 아이 역시 자신이 가지고 있는 능력을 발휘하기가 훨씬 쉬워진다. 지금 아이들은 어른들이 언어의 '구조'를 제공하는 방법이 나쁘기 때문에 고생하고 있는 것이다.

여기서 '실제'와 '추상'을 인식하는 데 있어서 주의할 점이 한 가지 있다. 추상의 세계를 안다는 것은 추상의 세계에 완전히 빠져들어 현실을 망각해버리는 상태가 아니다. 추상의 세계와 실제라는 양쪽 세계를 이해하는 능력을 갖추지 못하면 인간으로서 진정한 역할을 기대하기 어렵다.

따라서 우리는 유아교육에 대해 다시 한 번 재고할 필요가 있다.

"나이 많은 사람들이 하는 말은 이미 구식이다. 새로운 시대에는 새로운 육아법과 육아교육이 필요하다"라는 전통적 육아에 대한 비판이나 반발은 어느 시대에나 있어 왔다. 그렇다면 새로운 교육이란 대체 무엇일까? 무엇을 하는 교육일까? 그것을 확실히 하지 않은 채 단순히 전통적

인 교육에 대해 반발하는 것이라면 매우 위험한 결과가 따르게 된다.

이에 대해 최근 뇌생리학자들의 적극적인 발언들이 있었는데, 그 자체는 매우 반길 만한 일이다. 그러나 하나의 가설이 절대적으로 옳은 것은 아니다. 따라서 틀린 것이 다소 포함되어 있더라도 여러 사람들이 다양한 의견을 이야기하고, 그것들을 실제로 모두 경험해보는 사이에 자연도태 과정을 거침으로써 마지막에 좋은 것이 남게 되는 모습이 가장 바람직하다.

헌법 같은 것을 만들어놓고 "이게 좋으니 이렇게 하시오"라고 강요해서는 안 된다. 지금 상황을 이상적으로 바꿀 수 있다면 좋겠지만, 독재적인 방식으로 하나의 방향을 강제하는 개혁이 되어서는 안 된다.

무수한 시행착오를 겪은 후에야 비로소 나아갈 방향이 보이는 법이다. 그 과정에서 충분한 교육을 받지 못한다고 하더라도 자기 안에 숨겨진 재능을 끌어내려는 노력만 게을리하지 않는다면 훌륭한 자기형성을 할 수 있을 것이다.

지금까지 우리 사회가 반드시 이상적인 교육을 이루어온 것은 아니다. 그러나 그 속에서도 훌륭한 사람들이 많이 탄생했다. 이처럼 누군가에게 배우지 않아도 훌륭하게 자기형성을 해내는 사람들이 있는 법이다.

현명한 어머니는
백 사람의 스승보다 낫다.
• 헤르바르트 •

4장

좋은 아이가 머리도 좋다

들쑥 습관이

듣기 연습을 시키면
집중력이 높아진다

영거에서는 자신의 의지와 상관없이 눈을 뜨고 있어서 사물이 보일 때는 see를 쓰고, 의도를 가지고 사물을 쳐다볼 떠는 look at이라는 표현을 쓴다. 이 구별이 좀처럼 쉽지만은 않은데, '보이는' 것이 아니라 의식적으로 어떤 사물을 '보는' 데는 상당한 훈련이 필요하다.

어릴 때부터 주의를 집중해서 사물을 보는 것은 매우 중요하다. 그러므로 엄마가 이야기할 때 아이가 딴청을 피울 때는 "여기 봐봐"라고 주의를

줘야 한다. 또한, 눈과 눈을 마주하고 대화할 때도 딴청을 피우지 못하게 해야 한다.

수업시간에 유독 곁눈질을 자주 하는 아이가 있다. 그 아이는 시선을 어느 것 하나에 집중을 하지 못하기 때문에 주의가 산만한 것이다. 그런 아이는 집중력이 떨어지기 때문에 여러 가지 것들을 놓치게 된다.

책 읽어주기에 대해서는 앞서도 언급했지만, 아이는 귀로 듣는 이야기보다 엄마가 읽고 있는 책에 아무래도 주의를 쏟게 된다. 이 경우는 '보이는' 것이 아니라 '보는' 것이 된다.

책에 신경을 쓰게 되면 중요한 이야기가 귀로 들리기^{hear}는 하지만 잘 듣는^{listen} 방법을 익힐 수 없게 된다. 이야기를 멍하니 듣게 되기 때문이다.

미국의 유치원에서는 '리스닝 드릴^{listening drill}', 즉 듣기 연습을 시킨다. 예를 들면 말을 잘 알아듣기 힘든 소란스런 장소에서 선생님이 일부러 작은 목소리로 말을 하는 것이다. 나중에 "선생님이 지금 뭐라고 말했지?"라고 물어보면 대개는 잘 듣지 않았기 때문에 얼버무리는 아이들이 많다. 그때 선생님이 "선생님은 그렇게 말하지 않았어요. 다시 한 번 잘 들어보세요"라고 주의를 준다. 이런 훈련을 반복하게 되면 주변이 시끄럽고 소란스러울 때도 귀를 기울여 선생님이 하는 말을 정확히 들을 수 있게 된다.

지하철 안은 둘이서 주고받은 대화를 녹음했을 때 전혀 들리지 않을 정도로 시끄럽다. 그런데 아무리 시끄러워도 사람들은 모두 끼리끼리 얘기를 나누고 있다. 그것은 우리 인간이 귀에 들어오는 많은 소리 가운데서 상대방의 이야기만 선택 집중해서 듣는 능력을 가지고 있기 때문이다.

우리의 청각이나 시각은 이처럼 노력하면 선택 집중이 가능한 감각기관이다. 따라서 이런 훈련을 유아기 때부터 시작하면 아이는 학교에 들어갔을 때 수업 집중력이 좋은 학생이 될 수 있다. 잘 보고, 잘 듣는 것은 교육의 기본과 직결된 것으로 매우 중요한 습관이다.

TV를 끄고, 집중해서
보고 듣는 습관을 키워라

이른바 공부를 잘 못하는 아이는 대개 주의가 산만해서, 지금 당장 하고 있는 일에도 집중을 오래 하지 못한다.

산만한 아이를 둔 엄마는 "엄마가 말할 때는 두리번거리면 안 돼. 잘 들어"라고 말하고, 잘 들으면 "제대로 들었구나"라고 칭찬해줘야 한다. 그런 습관이 자리잡으면 학교에 가서도 아이는 선생님의 이야기를 귀담아들을 수 있게 된다.

아침부터 밤늦게까지 끊임없이 집중할 것을 요구할 수는 없겠지만, 아이의 주의력이 산만하다고 생각될 때만이라도 "잘 들어, 잘 봐"라고 주의를 줘야 한다.

꽤 나이를 먹은 후까지도 그냥 듣는 것과 주의해서 듣는 것을 구별하지 못하고 혼동하는 사람들이 많다. 자연스럽게 들리는 것과 노력해서 듣는 것을 확실히 구분하지 못하는 것이다. 그래서 다른 사람이 하는 말을 잘 알아듣지 못할 때가 많다.

그러나 앞서 얘기했듯이, 원래 인간에게는 시끄러운 소음 속에서도 다른 소리는 차단하고 중요한 것만 선택해서 들을 수 있는 능력이 있다.

특히 막 태어난 아기는 집중력이 매우 좋다. 게다가 필요한 것과 필요하지 않은 것을 구분해서 중요한 것에만 주의를 집중한다.

아기는 사람의 말이 자동차의 경적이나 소음과는 다르다는 것을 인지하고, 필요한 것만 선택해서 집중적으로 머릿속에 집어넣는다. 그리고 40개월쯤 될 때까지 하나의 언어를 마스터해버린다.

아이의 집중력을 끌어올리는 데는, 막연히 옛날이야기를 들려주거나 그림책을 보여주는 것보다 "잘 들어", "잘 봐"라고 주의를 주는 게 좋다.

또한, 텔레비전 보는 시간을 가급적 줄이고, 집중해서 보고 듣는 습관을 들이는 데 신경을 써야 한다.

집중력 훈련을 하지 않은 아이는 공부를 할 때도 오래도록 집중을 하지 못하고 금세 딴청을 피우거나 다른 것에 관심을 가진다. 주방에서 맛있는 음식 냄새가 나기라도 하면 "이게 무슨 냄새야?"라며 책상 앞에서 일어난다.

주변에서 사람들이 떠들든 말든, 무슨 일이 벌어지든 말든 무아무중으로 집중할 수 있는 사람이 사물을 이해하는 능력도 뛰어나다.

정신이 산만한 아이가 학교에서 선생님이 하는 말을 잘 들을 리 만무하고, 듣는다고 해도 금세 까먹고 말 것이다. 한 번 머릿속에 들어왔다고 해도 금세 잊어버린다.

초등생의 학력차는
보고 들을 때의 집중력 차이

지금까지도 아이의 집중력을 키워주기 위해 부모 나름대로 노력을 해왔을 테지만, 앞으로는 좀 더 의식적으로 훈련을 시켜보자.

예를 들면 아이에게 뭔가를 설명하고 난 뒤에는 실제로 잘 들었는지 "지금 엄마가 뭐라고 했지?"라고 아이에게 다시 확인하는 것이다. 그러면 아이는 남의 말을 들을 때 점점 더 주의를 기울이게 된다.

엄마가 알림장을 통해 다음날 유치원에서 친구의 생일잔치가 있다는

것을 알게 되었다고 하자. 그러면 아이에게 "내일은 유치원에서 친구 생일잔치가 있네"라고 전달한다. 그런 다음 "내일은 유치원에서 뭘 하지?"라고 다시 물어보면 된다. 이런 과정을 몇 번 반복하다 보면 아이는 자연스럽게 엄마가 하는 말을 집중해서 듣게 된다. 엄마가 한 말을 아이가 듣고 말해보게 하는 훈련인데 매우 효과적이다. 엄마의 말을 집중해서 들어야만 내용을 정확히 알아들을 수 있기 때문이다. 건성으로 듣고 애매한 상태로 머릿속에 넣기만 하는 듣는 습관은 아이의 집중력 훈련에 도움이 되지 않는다.

옛날이야기를 해줄 때는 중간중간에 "그 다음은 어떻게 되었을 것 같아?", "우리 현우라면 어떻게 했을까?"와 같은 대화를 하는 것도 듣기 습관을 키우는 좋은 방법이다.

학교 수업은 대부분 선생님은 말하고 아이들은 듣는 형태로 이루어진다. 따라서 선생님의 이야기를 얼마나 정확하게 듣느냐가 매우 중요하다. 초등학교에 들어가서 듣기 훈련을 하는 것은 너무 늦다. 학교는 읽고 쓰는 훈련은 중점적으로 시키지만 듣기 훈련은 거의 하지 않기 때문에 더욱 그렇다.

거기부터 아이들 간에 학력차가 벌어지기 시작하는데, 그것을 머리가 좋고 나쁜 것에서 오는 차이라고 생각하는 사람들이 많다. 그러나 절대 그렇지 않다. 이 시기 아이들의 학력차는 보고 들을 때의 집중력 차이에 불과하다.

사실 평범한 사람들 대부분이 듣기 능력이 다소 떨어지는 편이다. 예를 들어 11자리 휴대폰번호를 누군가가 불러줬다고 하자. 그것을 한 번 듣고 기억했다가 전화를 걸 수 있는 사람은 그리 많지 않다.

앞으로는 말과 음성이 점점 더 중요해지는 시대가 될 것이다. 그렇게 되면 듣기 능력은 지적능력과 매우 긴밀한 관계에 놓이게 된다. 지금까지는 읽고 쓸 수 있으면 되고, 특별히 귀로 듣지 않아도 별 상관이 없었지만 앞으로는 중요한 것을 귀로 듣고 기억해야 하는 일이 더욱 늘어날 것이다.

학교에서 듣기 훈련이 수업 커리큘럼에 들어가는 경우는 없다. 그러나 영어능력시험의 예를 보아도 리스닝 스킬listening skill이 분류되어 있지 않은가. 듣기 능력은 하루아침에 이루어지지 않는다. 때문에 각 가정에서 부모들이 유아기에 집중적으로 보고 듣는 훈련을 시켜야 한다.

아이와 대화할 때는
얼굴을 마주보며 얘기하라

요즘 부모들은 아이와 얼굴을 마주보며 이야기하는 시간이 거의 없다. 바쁘다는 핑계로 다른 일을 하거나 등을 보인 채로 이야기를 나누는 경우가 대부분이다. 그렇게 해서는 집중력을 키울 수가 없다. 아이 역시 대충 듣게 되기 때문이다.

부모는 아이와 이야기할 때 아이의 얼굴을 마주보며 대화하려고 노력해야 한다. 꾸중을 할 때도 얼굴을 마주보면서 이유를 설명하고, 잘 이해하고 있는지 확인해야 한다. 특히 어린아이는 부모가 자신이 한 말을 이해했는지를 일일이 확인한다고 해도 크게 반발하지 않는다.

이런 듣기 훈련을 어릴 때부터 시작하면 아이는 자연스럽게 집중력이 길러지고 무심코 흘려듣는 일이 없게 된다.

또한, 듣는 습관은 아이의 평생에 걸쳐 상당한 지적능력의 차이를 가져올 수 있다. 아이의 지적능력은 단순히 학원을 많이 다닌다고 해서 향상되는 것이 아니다. 그보다는 어릴 때부터 시각과 청각의 집중력을 키워나가는 것이 지적능력 향상에 도움이 된다.

특히 요즘 아이들에게 부족하다고 여겨지는 청각의 집중력을 키워주기 위해서는 어릴 때부터 잘 듣는 습관을 만들어줘야 한다. 잘 듣는 아이가 집중력도 높고 머리도 좋다는 것을 기억하자.

사실, 우리 어른들도 다른 사람의 이야기를 들을 때 집중하지 못하는 경우가 많다. 예를 들어, 초등학교 공개수업을 가보면 아빠들은 그야말로 멍하니 서 있고, 엄마들은 대개 친분 있는 엄마와 수다를 떠느라 수업에 집중하지 않는다.

그런 일은 일상생활에서도 비일비재하다. 가령 주방에서 음식을 만들면서 "있잖아!"라고 아이에게 말을 거는 엄마들도 많다. 그러면 아이 역시 중요한 말이 아니라고 생각해서 흘려듣게 된다. 조금 어색하더라도 아이

와 얼굴을 마주보며 눈을 마주치며 이야기를 나누자. 아이도 진지하게 듣고 대화에 집중할 것이다.

하루에 한 번이라도 좋으니 아이와 마주보며 이야기를 나누는 시간을 가져보자. 부모가 제대로 집중해서 아이에게 말을 건네면 아이도 새겨듣게 되어 있다. 이런 경험들이 쌓이고 쌓여 아이의 인생을 바꾼다는 것을 기억하자.

듣기 능력이 좋은 아이가
이해력도 높다

공항에 가면 영어로 "Attention please"라는 말을 수시로 듣게 된다. '잘 들어주세요', '흘려듣지 마세요', '집중해서 들어주세요'라는 말인데, 그 후에는 비행기의 출발시각이나 연착시간, 게이트의 변경 등을 알리는 멘트가 이어진다. 무심코 흘려듣는 사람들이 많은데, 그런 사람들은 중요한 내용을 놓쳐서 당황스런 일을 겪기도 한다.

지금까지의 세상은 눈을 통해 현명해졌지만 미래는 귀를 통해 현명해지는 시대가 될 것이다. 따라서 앞으로는 좀 더 귀에 집중할 필요가 있다.

듣기 능력이 좋은 사람일수록 이야기를 듣고 이해하는 능력도 크기 때문이다.

머리가 좋은 아이인지 나쁜 아이인지는 대개 서너 살 때 결정된다. 이 시기에는 '이야기를 제대로 듣고 이해할 수 있는가', '사물을 볼 때 하나에 집중해서 정확하게 보고 기억할 수 있는가' 하는 두 가지가 관건이 된다. 따라서 유아교육의 핵심이 이 두 가지에 있다고 해도 과언이 아니다.

어릴 때는 집중력이 매우 좋았던 아이도 학교에 갈 때쯤 되면 이 능력이 상당히 퇴화된다. 유아기 때처럼 기억을 잘하지 못하는 탓이다. 그래서 더더욱 유아기에 청각의 집중력과 시각의 집중력, 더 나아가 행동의 집중력을 몸으로 익힐 필요가 있다.

공부뿐 아니라 운동에서도 쓸데없는 생각은 과감히 접고 목표를 향해 곧바로 전진하는 행동의 집중력이 요구된다. 신경이 예민한 아이는 눈앞의 시험공부에 집중하지 못하고 주변의 잡다한 것들에 눈길을 빼앗긴다. 누구나 무언가에 깊히 빠져들면 뛰어난 능력을 발휘할 수 있다. 하나하나의 능력을 따져보면 특별할 게 없어도 몰입해서 자신의 모든 능력을 집중하게 되면, 마치 햇빛을 돋보기로 모으면 종이에 불이 붙는 것처럼 매우 강력한 힘이 된다.

인간에게는 여러 가지 능력이 있는데, 그것들이 하나하나 뿔뿔이 흩어져 있을 때는 큰 역량을 발휘하지 못한다. 그러나 그 능력들을 하나로 집중할 수만 있으면 엄청난 힘이 된다. 지금까지 알지 못했던 것들을 이해할 수 있게 되고, 불가능하다고 여겼던 것들이 가능하게 된다.

과거에는 대학 강의시간에 수다를 떠는 학생이 별로 없었다. 초등학교나 중학교에서도 수업 중에 짝꿍과 이야기를 나누는 일도 특별한 경우가 아니면 없었다.

그런데 요즘은 초등학교 교실에서부터 대학 강의실에 이르기까지 거의 모든 곳에서 자기들끼리 떠드느라 바쁘다. 어떤 초등학교에서는 교실붕괴가 일어났다고 표현할 만큼 수업이 불가능한 곳도 있다고 한다.

이것은 청각의 집중력이 떨어졌다는 증거로 볼 수 있다. 집중해서 듣게 되면 다른 주변 일에 신경을 쓰지 않게 된다.

한편, 수업시간에 자주 질문을 하는 학생이 있는가 하면 전혀 질문을 하지 않는 학생이 있다. 왜 우리 아이는 질문을 하지 않을까 고민하는 부모들이 많은데 이유는 간단하다. 수업을 제대로 듣지 않아서 이해를 하지 못했기 때문이다.

요즘은 둘이 마주앉아 개인적인 이야기를 나눌 때조차 상대방의 말을

귀담아듣지 않을 만큼 잘 듣지 못하는 사람들이 많다. 멍하니 흘려듣기 일쑤고, 제대로 이해하지 못하면서도 건성으로 고개를 끄덕이는 경우도 부지기수다.

모든 것은 결국 듣는 능력이 기본적으로 떨어지기 때문이라고 할 수 있다. 우리는 어려운 책을 참고 읽는 것은 가능하다. 그런데 이해하기 어려운 이야기를 듣고 이해하는 일은 너무너무 힘들어한다. 제대로 듣는 훈련이 되어 있지 않은 탓이다.

듣기 능력은 글자를 모르는
유아기 때 키워라

공부를 할 때든, 일을 할 때든 눈의 기억과 귀의 기억은 매우 중요하다. 물론 아이들의 눈이 현명해져야겠지만, 그보다 먼저 귀가 현명해질 필요가 있다.

귀를 통해 현명해지는 교육과 습관 들이기는 지금껏 교육의 관심대상이 되지 못했다. 시각에 의한 문자중심의 기억과 관련한 지능만 중시해왔기 때문이다. 시각과 청각 쌍방에서 지각력을 높여나가면 지적능력뿐만 아니라 정서적으로도 훌륭한 아이로 키울 수 있다. 현명하다는 말은 총명

하다는 말로 바꿀 수 있다. 여기서 보면 총(聰)은 귀의 현명함을 가리키는 데, 눈의 현명함을 가리키는 명(明) 앞에 나온다. 보는 것보다 듣는 것이 먼저인 것이다. 옛 사람들의 지혜로움을 다시 한 번 확인하게 된다.

아기는 청각을 통해 언어를 익힌다. 글자를 하나도 몰라도 언어를 습득해낸다. 그러다가 학교에 들어가면 모든 공부가 갑자기 문자중심으로 돌변한다. 거기서부터 귀를 통한 교육과 커다란 단절이 발생한다. 따라서 앞으로 자녀교육의 최대 관심은 유아의 청각능력을 한층 더 강화하고 어디까지 키워줄 수 있을까를 고민하고 노력하는 데 둬야 한다.

글자를 알지 못하는 유아기야말로 듣기 능력을 키워줄 수 있는 절호의 시기이다. 우선 부모인 어른들이 그 점을 자각할 필요가 있다. 아직 그런 자각을 하지 못한 부모들은 여전히 글자를 읽고 쓰게 하는 데 온 관심과 노력을 쏟고 있다.

유치원 선생님들 역시 청각에 의한 듣기 능력이 중요하다는 점을 이해하지 못하고 초등학교에 들어가서 하게 될 선행학습에만 신경을 쓴다. 글자를 읽고 쓰는 것에만 관심이 있고, 이야기를 듣는 것의 중요성은 전혀 인식하지 못하고 있는 것이다.

청각능력을 키우기 위해서는 소리 내어 암기하는 것이 도움이 된다. 따라서 의미를 알지 못하더라도 소리로 들리는 문장을 자기 귀로 들으면서 암기할 수 있게 하면 좋다.

영국의 비평가 러스킨은 "성서를 읽은 것 이외에 나는 문장 연습을 따로 한 적이 없다. 귀로 성서의 문장을 암기했다. 그것은 나에게 매우 좋은 학습이 되었다"라고 훌륭한 증언을 남겼다.

옛날에는 뜻을 전혀 이해하지 못하는 어린아이들에게 《논어》나 《맹자》 등 어려운 한문책을 귀로 듣고 암송하게 했다. 옛날이야기나 전설 같은 것도 소리 내어 암기하지는 않았지만, 반복해서 들으면서 자연스럽게 외웠다. 이것은 문장화된 이야기를 귀로 듣고 이해하는 것으로, 이해한다기보다는 암기한다고 보는 게 정확할 것이다. 여기서 중요한 것은 단순히 기억하는 것이 아니라 암기해버릴 정도로 반복해서 듣는 데 있다.

어린아이의 청각능력은 우리가 무엇을 상상하든 무조건 그 이상이다. 그런데 자라면서 글자를 배우거나, 다른 것들에 주의가 분산되면서 청각에 의한 기억과 집중력은 크게 떨어지게 된다.

잘 듣는 능력은
새로운 재능을 깨운다

지금 우리의 교육 현실은 시각적인 능력의 관점에서 학력(學力)을 따진다. 따라서 청각이 뛰어난 사람들은 지금의 학교교육에서 무척 손해를 보고 있는 셈이다.

유아기 때는 청각능력이 없으면 사물을 익힐 수가 없다. 시각이 발달한 아이도 청각능력이 없으면 그 능력을 발휘할 기회가 없다. 시각형 아이는 학교교육을 받기 시작해야 비로소 두각을 나타낸다. 이처럼 인간은 원래 청각능력이 먼저 발달한다.

그러나 우리 사회는 예로부터 시각을 중시하고 문자를 중시해왔다. 그만큼 음성언어는 경시되었다고 할 수 있다. 그래서 지적능력이나 머리의 좋고 나쁨은 주로 시각적 능력을 기준으로 판단되었다. 청각적 기억은 테스트를 받은 적도 없고, 평가된 적도 없다.

그러나 앞으로는 지금까지 경시돼왔던 청각능력이 크게 부각될 것이다. 유아기 때 청각을 잘 키워놓은 아이가 새로운 재능에도 쉽게 눈을 뜨게 될 것이다.

서양에서는 어른들의 이야기를 듣는 교육을 매우 중시한다. 가령, 아이를 교회에 데려가서 알아듣든 못 알아듣든 간에 목사님이 하는 말을 열심히 듣게 한다. 그런 습관이 생활 속에 깊이 뿌리 내려 있다. 우리 문화에서도 대가족 사회에서는 어른들에게서 집안 내력이나 대소사를 들으며 듣는 능력과 함께 이해력을 키울 수 있었는데 핵가족 사회로 들어서면서 그런 기회가 많이 없어졌다.

공부를 할 때도 귀로 듣는 학문을 무의미하다고 여기는 것 같다. 그러나 귀로 듣는 학문은 매우 중요하다.

타인과의 대화나 회의, 수업, 강연회 등 최근에 듣기 능력의 중요성에 대한 관심이 날로 커지고 있다. 생활면에서나 업무면에서도 듣는 능력,

즉 청각이 이해력의 모든 것을 대변한다고 할 수 있다. 상대방이 하는 말을 제대로 알아듣고 그것에 대한 자신의 견해를 소리로 전달하는 커뮤니케이션이 중심이 되고 있기 때문이다. 유아기에 귀를 통한 커뮤니케이션 능력을 잘 키워주면 나중에 반드시 그 결실을 맺게 될 것이다.

인간의 시각은 평균적이고 표면적인 데 비해 청각은 훨씬 더 깊이가 있고 입체적이다. 또한, 시각은 제한적이다. 눈으로 보는 시야는 한정되어 있는 반면, 귀는 앞과 뒤, 옆에서 나는 모든 소리를 들을 수 있고 모든 방향을 향해 열려 있다. 이처럼 지각능력으로서는 귀가 눈보다 훨씬 범위가 넓다고 할 수 있다. 눈처럼 깜박이는 것도 아니어서 끊김없이 들을 수도 있다.

청각을 통해 두뇌가 발달한다고 생각하는 사람은 아마 없을 것이다. '머리가 좋다'고 하면 눈으로 보고 기억하는 것을 먼저 떠올린다. 그런 생각을 일단 버리고 아이의 귀를 틔워주는 데 노력한다면 새로운 인간의 지성이 싹틀 가능성이 높다.

원래 말로 하는 언어가 글로 쓰는 언어보다 자연스럽다. 청각적인 언어라는 기본 위에 시각을 통해 이루어지는 추상적인 언어로서 문자가 존재하기 때문이다. 우리는 막연히 언어라는 것은 문자중심이며, 말로 하는 것보다 글로 써놓은 것이 가치가 있다고 생각하는데, 실제는 그렇지 않다. 음성언어를 교환하는 것이 진짜 커뮤니케이션이다. 문자로도 커뮤니케이션이 가능하지만 상당한 특수성이 존재한다. 그것을 익히는 데 훈련이 필요하기 때문에 학교에서도 주로 읽고 쓰기를 가르치는 것이다.

잘 듣는 습관을 키우면
아이의 집중력이 높아진다

우리 문화에서 좀 더 음성언어를 중시하게 된다면 유아기의 아이가 가지고 있는, 제로에서부터 언어를 익혀가는 청각능력이 더욱 훌륭하게 발전할 것이라고 생각한다.

우리의 언어는 시각적인 면에 너무 치우쳐 있다. 그래서 청각에 의한 풍요로운 대화가 불가능하다. 그래서 읽고 쓰는 것은 잘해도 남의 말은 잘 듣지 못하고 대화에 어려움을 겪는 사람들이 많아졌다.

아이들의 듣는 습관이 얼마나 엉망인지를 설명하면서 한 초등학교 선생님은 이렇게 말했다.

"저학년 아이들에게는 내일 크레파스를 가져와야 한다고 말해도 소용없어요. 애들이 듣지를 않아요. 설령 들었다 해도 다음날 깜박 잊고 오는 경우가 많아요. 건성으로 들어서 기억을 못하는 거죠. 그래서 칠판에 크게 글로 써서 알림장에 받아쓰게 하는 거예요."

아무리 귀찮고 힘들어도 포기하지 말고 아이들에게 잘 듣는 습관을 길러주어야 한다. 앞서 설명했던 방식으로 먼저 "선생님은 딱 한 번만 말해줄 거예요. 잘 들으세요"라고 말한다. 그리고는 "지금 선생님이 뭐라고 했지요? 얘기해보세요"라고 확인하는 방법으로 하면 된다.

그것은 리스닝 테스트가 되고, 끈기 있게 계속해나가다 보면 아이들은 '선생님은 아무리 중요한 것이라도 한 번만 얘기하신다'는 것을 인지하게 된다. 그러면 누군가 말을 시작하면 자연스럽게 집중해서 듣게 된다.

5장

아이의 놀라운 상상력에 박수를 보내라

아이가 지어내는 말을
창작활동으로 인정해줘라

옛날이야기를 듣고 자란 아이들은 대개 어느 시기가 되면 스스로 이야기를 꾸며낼 줄 알게 된다. 대체로 그 시기가 네 살 무렵이다.

우리 어른들은 아이에게 말을 지어내거나 꾸며내서는 안 된다고 가르친다. 그것이 거짓말하는 습관으로 이어지지 않을까 하는 우려에서다. 그런데 전혀 말을 꾸며내지 못하는 아이는 새로운 아이디어를 만들어낼 상상력도 떨어진다는 것을 알아야 한다.

두뇌작용의 관점에서 보면, 없는 말을 지어내거나 꾸며내는 것은 진정한 의미의 지적인 활동이라 할 수 있다. 그런데 어른들, 그중에서도 특히 엄마들은 없는 말을 지어내는 것은 거짓말이기 때문에 절대로 하면 안 된다고 못을 박는다. 아이가 말을 지어내는 것에 극히 예민해지는 엄마가 많은데, 아이가 거짓말을 했다면서 "너무 충격적이다"라고 말하는 엄마도 보았다. 그러나 아이가 말을 지어내고 꾸며내는 것은 사회적인 것이 아니므로 크게 걱정할 필요가 없다.

아이가 말을 지어내는 것을 어느 선까지 용납하고 어느 선부터 용인하지 말아야 할지를 정하는 것은 무척 어려운 일이다. 그래서 더더욱 '말을 지어내면 안 된다'고 미리 못박아두는 것인지도 모르겠다.

두꺼비가 말을 한다거나, 호랑이가 떡을 달라고 했다는 옛날이야기 속의 말도 안 되는 이야기는 용인할 수 있지만 사람들에게 해를 끼치는 거짓말이나 사람을 속이는 거짓말은 안 된다. 맞는 말이다. 하지만 실제로 아이가 그런 구별을 해내는 것은 불가능에 가깝다.

없는 사실을 있는 것처럼 말하는 것은 넓은 의미에서 보면 픽션이라 할 수 있다. 그것은 후에 창작활동의 원천이 된다고 말할 수 있다. 그런 과정을 통해 원래 실체가 없던 것에 새로운 형태와 이름이 부여되기도 한다.

실제로 존재하는 것만을 말해서는 절대 창조적일 수 없다.

옛날이야기를 처음 들은 아이는 없는 이야기를 지어내거나 꾸며내지 못한다. 그러나 옛날이야기를 듣는 횟수가 조금씩 늘어나고 상상력이 발동되기 시작하면 스스로 뭔가 재미있는 사건을 떠올려보게 된다.

이우어를 제대로 익힌 아이들은 자신의 언어로 새로운 이야기를 직접 만들어내고 싶어한다. 실제로 그렇게 이야기를 만들어내서 그것을 주변에 들려주면 친구들이나 어른들이 놀랍다는 반응을 보이면서 귀를 기울여준다. 그 반응이 너무 재미있다고 느낀 아이는 이야기를 계속해서 꾸며내게 된다. 진짜로 있었던 사실을 이야기하면 그만큼 크게 즐거워하거나 감동하지 않는다. 그런데 이야기를 만들어내서 해주면 듣는 사람들이 눈을 반짝이며 들어준다.

여기서 우리 어른들이 기억할 게 하나 있다. 이야기를 지어내고 꾸며내는 것이 도덕적으로 나쁜 일이라고 아이에게 미리 못 박을 필요가 없다는 것이다.

옛날이야기를 듣고 자극을 받은 아이는 스스로 픽션의 세계를 만들어내고 싶은 욕구가 생긴다. 그런데 아이는 혼자 있을 때는 이야기를 지어내지 않는다. 반드시 아이들 틈에 있을 때 놀이의 도구로서 이야기를 만

들어낸다. 지어낸 이야기를 들은 다른 아이들은 놀라워하거나 재미있다고 호응을 해준다. 이처럼 아이는 자신의 이야기에 대한 주변의 반응을 보면서 뿌듯함과 재미를 느끼게 된다.

이야기를 지어내고 꾸며서 얘기했을 때 더 이상 좋게 받아들여주지 않는 예닐곱 살, 늦어도 초등학교에 들어갈 즈음이 되면 아이는 없는 이야기를 지어내는 일을 스스로 그만둔다. 그러니 사람들에게 피해를 주지 않는 거짓말이라면 너무 엄하게 금할 필요가 없다. 무턱대고 꾸중하게 되면 오히려 아이가 가진 상상력의 싹이 짓밟힐 수 있다는 것을 명심하기 바란다.

일종의 놀이로서 없는 이야기를 만들어내는 능력을 인정해준다면 아이는 스티브 잡스 같은 창의적인 인물로 자랄 수도 있는 일이다.

이야기를 꾸며낼 줄 아는
아이가 머리도 좋다

창작은 사회적으로 무해하면서 예술적으로 가치 있는 거짓말이라고 할 수 있다. 문학작품이 바로 그렇지 않은가. 그림도 음악도, 따지고 보면 픽션, 즉 거짓말이다.

그렇다고 하면 없는 것을 지어내고 만들어내는 능력이 없는 사람은 예술가나 발명가가 될 수 없다. 어린아이를 키우는 부모는 없는 이야기를 지어내고 꾸며냈다고 '거짓말쟁이'라고 비난해서는 안 된다. 덮어놓고 왜 거짓말을 하느냐고 화를 내서도 안 된다.

그러나 학교에 들어가게 되면 남에게 해를 끼치는 거짓말은 안 된다거나, 고자질을 해서는 안 된다고 하는 여러 가지 도덕적인 것들은 가르쳐야 한다. 그것은 아이의 사회성을 키우기 위해서도 꼭 필요하다.

프랑스 최고의 지성으로 일컬어지는 사상가 몽테뉴는 "타인으로부터 이야기를 들었을 때 그것을 다른 사람에게 그대로 전하는 것은 미안한 일이라는 생각이 들기 때문에 조금 이자를 붙여서 전달한다"라고 말했다.

내가 들은 이야기를 다른 사람에게 그대로 전달하는 것은 사실 재미가 없다. 여기서 몽테뉴 식으로 말한다면 '이자'를 붙여서, 즉 각색을 조금 해서 다른 사람에게 전달하는 것인데, 이것은 넓은 의미에서 말을 꾸며서 보태는 것이다.

이런 것들을 전부 책망한다면 인간생활은 성립할 수가 없다. 특히 어린 아이가 없는 이야기를 지어내거나 꾸며내는 것에 대해 두 눈 부릅뜨고 일일이 저지하고 혼을 낸다면 아이는 정직하게 자라는 게 아니라 정신적인 활동이 위축되고 말 것이다.

이야기를 지어내고 꾸며낼 줄 아는 아이가 머리도 좋다. 좋은 머리는 단순히 지식을 채우는 것뿐만 아니라 픽션의 세계를 만들 줄 안다.

훗날에 새로운 것을 발명해내거나 새로운 이론을 만들어내는 힘은 유아기 때의 이야기를 지어내는 능력과 깊은 관계가 있다. 이런 능력을 싹수가 노랗다고 잘라내버린다면 기계적으로 옳은 것밖에 생각할 수 없고, 당연한 것밖에 말할 수 없는 고지식한 인간이 되고 말 것이다. 주위에 어딘지 모르게 재미있는 사람, 즐겁게 살아가는 사람들을 살펴보자. 그들의 말과 행동에는 틀림없이 적당한 수준의 픽션이 존재할 것이다.

인간은 지극히 어린 시절부터 이야기를 지어내고 꾸며내기 시작하고, 언어로 허구의 세계를 만들어낸다. 이것은 우리 인간만이 가지고 있는 훌륭한 능력 가운데 하나이다. 잘라내야 할 못된 버릇이 아닌 것이다.

칭찬을 잘하는
세 가지 원칙만 지켜라

'꾸짖기'와 '칭찬하기'는 아이를 키우는 데 있어서 매우 중요한 일이다. 부모된 자로서 아이가 잘못을 했을 때는 꾸짖고, 착한 일을 했을 때는 칭찬하는 것이 마땅하지만 거짓말을 했을 때 대체 어느 선까지 허용하고 어떻게 꾸짖을 것인지 그 기준을 정하는 것이 절대 쉽지가 않다.

원칙만 가지고 얘기하자면, 꾸짖는 쪽이 칭찬하는 쪽보다 쉽다. 꾸짖을 행동을 했을 때 "안 된다"고 말하면 되기 때문이다. 그에 반해 칭찬하는 것은 기준이 정확히 들어맞지가 않아서 이것을 칭찬해야 할지 말아야 할지, 잘 판단이 서지 않을 때가 많다. 그러다 보니 칭찬을 해줘야 하는 순간에 침묵하고 말 때가 많다. 그렇게 되면 칭찬은 별로 하지 않고 아이를 늘 꾸짖기만 하는 상황이 반복되고 만다. 아이를 칭찬하는 기준을 잡는 게 어렵다면 조금 새로운 점이나 색다른 것을 재미있다고 인정해주면 된다. 정해진 기준이 따로 없을 때보다 칭찬하는 일이 훨씬 쉬어질 것이다.

가정이나 학교에서 크게 오해하고 있는 점이 한 가지 있는데, 칭찬은 조금 하고 꾸지람을 많이 하는 것을 교육이라고 생각하는 것이다. 그것은 지금이나 옛날이나 별반 차이가 없다. 하물며 나쁜 버릇을 고치겠다는 미명하에 아이를 학대에 가깝게 꾸짖는 부모도 있다.

아이에게 칭찬을 잘하는 세 가지 원칙을 기억하도록 하자. 첫 번째는 아이가 스스로 인식하지 못하는 부분을 찾아서 칭찬해주면 된다. 두 번째는 아이가 미처 예측하지 못할 때 칭찬해준다. 가령, 착한 일을 했다고 아이 스스로 자각하고 있을 때보다 전혀 생각지 못하고 있을 때 칭찬받으면 훨씬 기쁘다. 별 생각 없이 한 일에 대해 "오, 우리 아들 굉장한데!" 하는 반응이 나오면 아이는 놀라움과 동시에 감격해서 더 열심히 해야겠다는 생각이 들 것이다.

예를 들어, 시험에서 백 점을 받아왔을 때 "잘했다"라고 칭찬을 들어도 사실 아이는 그다지 기쁘지 않다. 그런데 점수는 별로 안 좋은데 "이 문제는 틀리긴 했지만 네 답은 무척 기발한 것 같구나"라는 반응을 보이면 기분이 좋아지는 것은 물론이고, '공부도 의외로 재미있다'라는 생각을 하게 되고, 그것을 계기로 공부를 좋아하게 될 수도 있다.

옛날에 많은 문하생을 배출시킨 사상가가 있었다. 그는 제자들에게 칭찬을 아끼지 않는 것으로 유명했는데, 특별히 두각을 나타내지 못하는 문하생에게도 '이곳의 유일한 수재다!'라는 추천서를 써줄 정도였다. 몇십 년 뒤에 그 문하생은 시대를 대표하는 정신적 지도자가 되었는데, 그 추천서의 내용을 전해 듣고 '선생님이 나를 그렇게 높이 평가해주었구나!' 하고 감격했다고 한다.

한편으로는 그럴 가치가 없는 사람을 우수하다고 칭찬하는 것이 무책임하다고 생각할 수도 있다. 하지만 사람은 누구나 무언가 하나씩은 훌륭한 점을 지니고 있다는 믿음을 가지고 칭찬을 해주면 잠재된 능력을 끌어내는 커다란 힘이 될 수 있다.

마지막으로 칭찬을 잘하는 세 번째 원칙은 꾸짖은 뒤에 칭찬하는 것이 아니라 먼저 칭찬할 점을 발견해서 칭찬해준 뒤에 잘못을 지적하는 것이다.

꾸짖을 일이 있다면
먼저 칭찬하고 나서 꾸짖어라

칭찬의 효과는 칭찬하는 사람과 아이와의 심리적 거리에 반비례한다. 집 안에서 보면 아빠보다는 엄마가 아이와의 심리적 거리가 가깝다. 따라서 엄마가 칭찬하는 것보다 아빠가 칭찬하는 것이 그 효과가 크다.

아빠는 엄격하고 엄마는 따뜻하게 애정을 쏟는 것이 일반적인 가정의 모습인데, 그 효과를 따진다면 현실과 반대로 아빠가 칭찬하고 엄마가 꾸짖는 편이 바람직하다. 다만 보통 가정에서는 아빠든 엄마든 아이와의 심

리적 거리감이 충분한 편이어서 칭찬의 효과에서 큰 차이는 없다.

그런 의미에서 보면, 칭찬은 가정이라는 제한적 공간에서는 이루어질 수 없는 교육일지도 모른다. 가정에서는 꾸짖는 것은 가능하지만 칭찬하는 것은 좀처럼 쉽지가 않다.

그리고 부모보다도 학교 선생님이나 아이와 직접적인 관계가 없는 사람이 칭찬했을 때 그 효과가 크다. 따라서 우리 어른들은 옆집 아이들을 좀 더 많이 칭찬해줄 필요가 있다.

또한, 부모는 '내 아이 교육은 처음부터 끝까지 내가 책임진다'는 잘못된 사고방식에서 벗어나야 한다. 부모는 잘못을 바로잡고 꾸짖는 역할을 하고, 다른 사람들은 칭찬을 하는 육아방식이 그 효과면에서 상당히 긍정적이다.

일단은 우리 자신부터 이웃집 아이를 되도록 많이 칭찬하겠다는 마음을 먹도록 하자. 서로가 이웃 아이들을 칭찬하게 되면 많은 아이들이 자신감을 키워갈 수 있다.

칭찬은 의욕과 활기의 원동력이 된다. 다시 말하면 꾸짖는 것은 물을 뿌리는 것과 같고, 칭찬하는 것은 불을 붙이는 것과 같다. 아이가 언제 어디서 생각지도 못했던 방향으로 변화를 시도할지 알 수 없지만, 주위 사람들이 자기에 대해 기대를 품고 있다는 것을 알게 되면 그 범위에서 크게 벗어나는 일은 하지 않는 것이 인지상정이다.

옛말에 "세 가지를 꾸짖고 다섯 가지를 칭찬하라"라고 했다. 그런데 칭찬은 양의 문제가 아니라 먼저 칭찬하는 데 그 핵심이 있다. 그 순서가 중요하므로 꾸짖을 일이 있으면 칭찬을 하고 난 후에 꾸짖는 것을 원칙으로 하자. 그러면 꾸중에 따른 부작용이 크지 않다. 처음부터 끝까지 잘못한 것을 하나하나 꼽으면서 꾸짖기만 한다면 아이의 모든 활동이 위축될 우려가 있다.

유치원에서든, 초등학교에서든 칭찬을 잘하는 선생님이 있으면 매우 좋은 교육효과를 기대할 수 있다. 그에 비하면 '잘 가르치느냐, 아니냐' 하는 문제는 어쩌면 사소한 문제에 지나지 않는다.

교사는 아이들의 인간적 소양을 키워주는 차원에서 모든 아이를 칭찬하도록 마음을 써야 한다. 쉬운 일은 아니지만 아무리 작은 것이라도 좋으니 아이의 칭찬할 점을 찾아 인정하고 크게 칭찬해주기 바란다.

가정과 학교 사이에서 생기는 수많은 트러블 가운데 하나가 부모들이 '선생님은 우리 아이를 꾸짖기만 한다'라고 생각하는 데서 기인한다. 물론 선생님으로서 아이의 잘못을 바로잡는 것은 마땅히 해야 할 일이다. 그러나 아이의 장점을 발견해서 칭찬해주는 일이 그보다 먼저이다.

많이 넘어져본 아이가
걸음마를 제대로 배운다

인간이 두 발로 서서 걷는 것은 매우 어려운 일이다. 아기가 태어나서 혼자 설 수 있게 되기까지는 10개월 정도의 시간이 걸린다. 아기가 설 수 있게 되면 주변 어른들은 "섰다! 섰다!"라며 박수를 치고 환호한다.

일단 아기가 서게 되면 어른들은 아기가 등을 쫙 펴고 다리를 똑바로 세워서 좋은 자세로 설 수 있게 도와줘야 한다. 또한, 서서 "빠이, 빠이"를 하게 시켜서 손을 흔들어보게 하거나 물건을 집어보게도 한다.

두 발로 서서 걸을 수 있으려면 우선 몸의 중심을 양발에 둘 필요가 있다. 그리고 수평을 유지하면서 양발을 한 발씩 차례로 뻗으면서 앞으로 나아가야 한다. 물론 이 동작을 하나하나 가르치려 들면 아이는 절대 혼자서 걸을 수 없다.

아기는 일어섰다가 넘어지면서 몸의 균형을 잡는 훈련을 하고, 몸의 중심을 앞으로 이동하는 방법을 몸으로 체득해간다. 그때 넘어지는 것은 아기에게 중요한 경험이기 때문에 넘어지는 횟수는 오히려 많은 쪽이 좋다. 따라서 넘어지지 않도록 보행기를 이용해서 걷는 연습을 시키는 것은 별로 권할 만하지 않다.

어릴 때 체조하듯이 다리를 쭉쭉 뻗으면서 걷게 하면 나중에 X자나 O자형 다리가 되는 일은 없다. X자나 O자형 다리는 뇌 발달에도 나쁜 영향을 미치는 것으로 알려져 있다. 그렇게 되기 전에 아이의 움직임에 아주 조금만 신경을 쓴다면 올바른 걷기 자세를 만들어줄 수 있다.

어릴 때 어떻게 걷기 시작하느냐는 한 사람이 평생 동안 건강하게 사느냐 아니냐와 관련이 깊다. 그런데도 의식적으로 아이에게 올바르게 걷는 법을 가르치는 부모는 많지 않다. 그러므로 아이는 자기 식대로 열심히 걷는 법을 익힐 수밖에 없다.

아이가 걸음마를 시작하면 부모들은 혹여 넘어질세라 꽁무니를 쫓아다니며 잡아주기 바쁘다. 그런데 앞에서도 말했듯이 이때 넘어지는 것 역시 아이에게 매우 중요한 경험이다. 실패한 경험, 즉 넘어진 경험은 몸이 잘 기억하게 되어 점차로 넘어지지 않고 걸을 수 있게 되기 때문이다.

넘어져서 다칠 염려가 있기는 하지만, 걸음마를 시작할 때는 넘어지는 것도 반드시 필요한 경험이다. 오히려 넘어지지 않도록 조심조심 너무 신경 쓰는 것은 아이의 신체 발달에 좋지 않다.

서너 살 정도가 되었을 때 계단을 올라갔다 내려갔다 하는 것도 중요한 경험이므로 위험하다고 지레 판단하여 막을 필요는 없다.

아이가 어릴 때는 다치고 깨지는 일이 비일비재한데, 그것을 지켜보는 부모는 항상 불안하고 걱정이 앞선다. 그러나 아이는 넘어지고 깨지면서 위험한 것과 위험하지 않은 것을 몸으로 체득하며 훌륭한 신체훈련을 하고 있는 것이다. 설령 깨지고 다친다고 해도 큰 사고로 이어지는 일은 거의 없다.

인간이 두 발로 서서 걷는 것은 애초에 무리한 일이었으므로 넘어지는 것은 어쩔 수 없다. 그 힘든 두 발로 걷기를 포기하지 않고 지금까지 유지해오고 있는 것이다. 평생 동안 한 번도 넘어지지 않는 사람은 없다. 반드시 어딘가에서는 넘어지게 되어 있다. 그렇다면 넘어질 때 안전하게 잘 넘어지는 것 또한 중요한 일이 될 것이다.

아이 스스로 잘 넘어지는 연습을 하는 데는 부모의 특별한 관심이 필요하다. 여기서 특별한 관심이란 아이를 무조건 감싸고돌지는 말아야 한다는 말이다. 이때는 직접적인 도움을 주기보다는 옆에서 지켜봐주는 게 좋다. 물론 정말로 위험한 순간에는 도움을 줘야겠지만 걷다가 걸려 넘어지는 정도는 너무 조바심내지 말고 무심한 척 지켜봐주는 것도 좋다.

아이는 운동신경이 좋고, 특히 소뇌 활동이 활발하기 때문에 넘어지고 미끄러져도 크게 다치는 경우는 거의 없다. 속편하게 아이가 넘어지고 깨지는 경험을 미래의 안전을 위한 시행착오 과정이라고 생각하는 것도 한 가지 방법이다.

안전하게만 자라는 아이가
더 위험하다

유도선수들은 그렇게 많이 넘겨지고 부딪쳐도 크게 다치지 않는다. 그 이유는 몸을 보호하는 훈련을 하기 때문이다. 이것을 낙법이라고 하는데, 넘어지는 방법이 매우 합리적이다.

경마의 기수는 말에서 떨어질 때 절대 머리부터 떨어지지 않도록 훈련을 받는다. 머리부터 떨어지면 치명적이지만, 어깨부터 떨어지면 설사 잘못되어 쇠골이 부러져도 금세 원상회복된다. 쇠골은 부러지기 쉬운 대신에 다시 붙기도 잘 붙는다. 그런 위험한 순간에 쇠골은 충격흡수 역할을 한다고 볼 수 있다.

아이가 걸음마를 시작하면 주변 어른들은 아이가 몸을 단련시키는 시기가 왔다고 생각하면 좋다. 넘어지는 것도 몸을 단련하는 과정이라는 것을 명심하자.

위험한 순간에 몸의 균형을 잘 유지하는 것도 하나의 훈련이다. 여기서 중요한 점은 어느 정도 위험을 무릅쓰지 않으면 훈련은 불가능하다는 것이다. 위험한 것은 일절 피하고 오로지 안전만 추구해서는 훈련이 이루어질 수 없다.

부모들에게 다소 어려운 주문이겠지만 아이에게 어느 정도는 위험을 감수한 경험이 장래의 안전을 위해 꼭 필요하다는 마음가짐을 가져야 한다. 옛날 아이들은 상처가 끊일 날이 없었다. 물론 그 시절이 좋았다는 말을 하려는 게 아니다. '위험한 것은 아무것도 못하게 하겠다'는 요즘 부모들의 사고방식을 바꿔야 한다는 말을 하고 싶을 뿐이다.

아기는 태어나서 2년 정도는 젖살이 많이 붙어서 포동포동하다. 때문에 집 안에서 넘어지고 부딪쳐도 살이 쿠션 역할을 하기 때문에 뼈가 부러지거나 심하게 다치는 일은 없다. 그러니 아이가 다칠까봐 그렇게 전전긍긍하지 않아도 된다.

아이가 포동포동할 때는 조금 위험한 상황에서도 그에 대응할 힘이 있다고 보면 된다. 이때는 심하게 부딪치거나 넘어져도 큰 상처를 입지는 않는다. 어쩌면 그것은 자연이 인간에게 주는 선물이 아닐까. 부모는 그러한 자연의 섭리를 이해하고 아이가 어릴 때 충분히 움직이고 모험을 시도하게 하는 것이 바람직하다.

젓가락질,
어려서부터 가르쳐라

요즘 가정에서는 과거만큼 열심히 젓가락질을 가르치지 않는 것 같다. 원래 젓가락질은 매우 고도화된 손 운동이다. 두뇌 발달에도 좋은 영향을 미치는 것으로 알려져 있다. 다만 젓가락은 한 손을 사용하기 때문에 평소에 안 쓰는 손도 많이 움직이려는 노력이 필요하다.

주부들이 집에서 요리를 할 때는 대개 양손을 사용하는데, 매우 좋은 손 운동이 된다. 손으로 빨래를 하는 것도 마찬가지다.

뇌경색 같은 질환이 생기면 뇌의 어느 한쪽만 피해를 입는 경우가 많은

데, 이것은 우리가 평소 쓰는 손만, 즉 한쪽 손만 사용하기 때문이다. 이것은 손 운동과도 관계가 있으므로 평소에 양손을 쓰도록 신경 쓰는 게 좋다. 몸 전체의 균형 면에서 봐도 한쪽 손만 쓰는 것은 바람직하지 않다. 정확히 양손을 흔들면서 걷는 것도 건강에 도움이 된다.

유아기에 양손을 두루 사용하는 훈련을 꾸준히 한다면 어른이 되어서 생각지도 못한 축복을 받을 수 있다.

젓가락질을 잘 못하는 아이들은 대개 연필도 똑바로 잡지 못한다. 요즘 연필을 바르게 쥐고 글씨를 쓰는 아이가 매우 드문데, 좋은 버릇을 키워 준다는 측면에서도 심사숙고할 문제이다.

특히, 포크로 밥을 먹게 하는 것은 매우 안 좋은 습관이다. 최근에는 급식을 할 때 반드시 젓가락을 사용하도록 하는 학교가 늘어나고 있다고 하니, 매우 반가운 일이다.

그런데 요즘 초등학생들 중에는 젓가락질을 못하는 아이가 많은데 학교는 이것을 애써 모른 척하는 것 같다. '젓가락질하는 법'을 가르치는 것은 가정의 몫이지 학교가 개입할 문제가 아니라는 판단인 것 같다.

아이가 세 살 정도까지는 의식적으로 몸 전체를 움직이는 체조를 시키는 게 좋다. 운동이 아닌 체조를 통해서 몸을 적극적으로 움직이게 하는 것이다.

아이가 좀 더 자라면 수영이나 자전거를 가르치는 것도 좋다. 보통 어른들이 하는 말을 거의 듣지 않는 아이도 수영을 하자거나 자전거를 타러 가자는 얘기에는 흔쾌히 따라나선다.

최근 운동회 전에 달리기 특별지도를 하는 '체육 과외교사'가 있다는 얘기를 들었다. 대체 왜 달리기 과외를 하는지를 물었더니, 작년에 꼴찌한 아이를 올해에는 꼴찌를 면하게 하기 위해서라고 했다.

달리기에서 꼴찌를 하는 아이는 발을 팔자 모양으로 뻗고 있을 확률이 크다. 다리를 11자로 뻗는 연습을 시키면 10~15퍼센트는 능률이 향상되고, 그만큼 빨리 달릴 수 있게 된다.

또한, 몸을 수직으로 세우면 다리가 앞으로 나아가지 않기 때문에 빨리 달릴 수가 없다. 몸을 앞으로 기울이면 자연스럽게 다리가 앞으로 나간다는 것을 알려줘야 한다.

아이가 서너 살이 되는 시기부터 이런 것들을 하나씩 가르치도록 하자.

장

부모만큼
또래도
중요하다

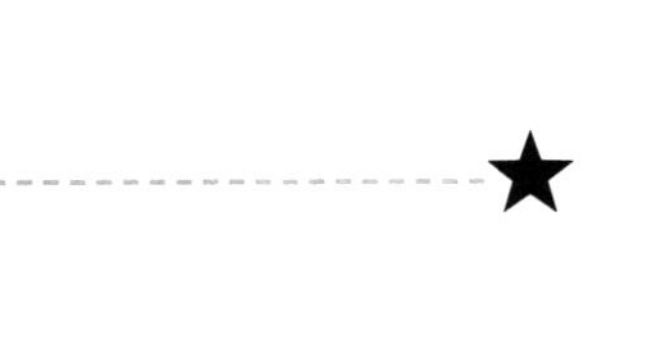

아이를 집 안에서
혼자 놀게 하지 마라

흔히 병에 걸린 환자를 치료할 때 '처치한다'라고 말하는데, 구체적으로 그것은 환자에 대한 스킨십을 가리킨다. 아픈 곳을 문질러주면 통증이 가라앉고 기분이 편안해지는 스킨십의 효과는 먼 옛날부터 인정받아 왔다.

스킨십은 특히 아이에게 매우 중요하다. 피부와 피부, 살과 살이 맞닿을 때 아이는 안정감을 느낀다.

아기가 엄마 뱃속에 있는 상황은 스킨십 그 자체라 할 수 있다. 이 세상

에 태어나는 순간 그 스킨십이 돌연 사라지게 되는데 아기는 아마도 엄청난 쇼크를 받을 것이다. 태어나자마자 크게 울부짖는 것은 어쩌면 그 때문일지도 모른다.

태어난 지 얼마 안 된 아이는 매우 긴장한 상태지만, 엄마가 젖을 물리면 그 긴장감은 순식간에 풀어진다. 따라서 젖병으로 우유를 줄 때도 가능한 한 품에 안아서 살과 살이 닿은 상태에서 주는 게 바람직하다.

아기는 부모와 주변에 있는 사람들과 접촉하면서 자기 존재를 의식하게 된다. 그러므로 어른들은 아기가 안정감을 갖도록 잦은 스킨십을 해줄 필요가 있다.

아이가 잠들기 전에 옆에서 옛날이야기를 들려주는 것도 일종의 스킨십이라 할 수 있다. 아이는 수많은 스킨십 속에서 자신이 혼자가 아님을 인식하면서 우리는 다른 사람과 함께 살아가는 존재임을 서서히 깨닫게 된다.

스킨십이 필요한 기간은 그다지 길지 않다. 이르면 다섯 살 정도부터 스킨십이 서서히 줄어들기 시작한다.

아기가 태어나서부터 수년간은 부모형제와의 관계가 기본이지만 일정 시간이 지나면 그것만으로는 충분하지가 않다. 가족 이외에 또래 아이들과 어울려 노는 과정이 매우 중요하다.

오늘날 가족의 모습이라 하면 아이 하나가 어른들 틈에 끼어서 자라는 형태가 일반적이다. 저출산 시대가 진행됨에 따라 형제 없는 아이가 늘어나면서 '어른들 속의 아이'로 자라는 게 당연시되고 있지만, 그것은 아이에게 좋은 환경이 아니다.

아이에게는 부모뿐만 아니라 형제나 또래 아이들이 필요하다. 자신과 비슷한 연령대의 아이가 주변에 있는 것과 없는 것은 엄청난 차이를 만든다. 또래 아이들끼리는 부모형제가 주는 자극과는 또 다른 자극을 주고받기 때문이다.

또래 아이들과 어울릴 수 있는 기회가 유치원이나 초등학교에 들어갈 때까지 주어지지 않는 것은 아이 입장에서는 엄청난 불행이다. 유치원에 들어갈 때까지 집 안에서 어른들하고만 지낸 아이의 발육은 생리적으로도 정신적으로도 충분하지 못할 가능성이 매우 크다.

또래집단 속에서 아이들은 서로 경쟁하고 싸우고 화해하는 등의 사회적 인간관계를 반복한다. 유아교육의 핵심은 이런 경험을 가능한 한 빨리 시키는 데 두어야 한다.

형제가 많았던 옛날에는 어른들이 하나하나 가르쳐주지 않아도 형제

들끼리 다투고 화해하는 사이에 대인관계 기술을 터득할 수 있었다. 그런 점에서 형제자매가 없는 요즘 아이들 상황에서는 되도록이면 이른 시기에 같은 연령대나 한두 살 차이 나는 아이들 속에서 하루 중 몇 시간씩이라도 보낼 수 있게 할 필요가 있다. 간혹 아이들 속에서 긴장하는 아이도 있는데, 얼마 안 가서 스스럼없이 어울리는 것을 확인하게 될 것이다.

어른들 틈에 아이가 혼자 끼어 있으면 놀이를 하기 힘들다. 하지만 또래아이들 속에 있으면 다툼이나 자잘한 싸움이 벌어지기는 하지만 기본적으로는 놀이를 하면서 자신의 능력에 눈을 떠간다. 지금 아이들은 그런 기회를 충분히 제공받지 못하고 있다. 그것이 아이를 집 안에서 홀로 놀게 해서는 안 되는 이유이다.

또래와의 놀이가
공부보다 중요하다

아이는 나이를 먹어가면서 '놀이' 관념이 생긴다. 놀이란 '아이들이 사회적으로 집단을 이루었을 때 생겨나는 여러 가지 경험'을 가리킨다. 놀이는 아이의 다양한 능력을 끌어내준다는 점에서 학습과 비교할 수 없을 정도로 중요하다.

그런데 지식교육을 너무 중시하거나 진짜 중요한 것이 무엇인지를 알지 못하는 사람들은 "노는 게 그렇게 중요해? 얼른 공부해!"라고 아이를 닦달한다.

어른들은 놀이를 취미생활이나 오락으로 생각하는 경향이 있다. 그런데 아이들에게 있어 놀이란 '뚜렷한 목적 없이 몸을 움직이는 모든 것'이라고 정의할 수 있다.

공터에서 아이들과 뛰어놀고 장난치는 것은 '무엇을 위해서'라는 목적이 없다. 단순히 몸을 움직이는 것뿐이지만 그 자체로 놀이가 된다.

놀이를 '실제(=현실)와 픽션'이라는 관점에서 보면, 몸을 움직이는 부분은 현실이지만 목적이 없다는 점에서는 픽션이 된다. 그 점은 생각지도 못한 형태로 아이들의 능력을 키워준다.

인간을 포함한 모든 동물은 본능적으로 놀이를 추구한다. 자고로 아이들은 놀아야 한다는 말이 있다. 그런데 요즘 아이들은 아주 어렸을 때부터 매일 공부에 쫓겨 다닌다. 공부는 목적을 가지기 때문에 놀이라고 할 수 없다. 따라서 공부하는 아이는 놀지 못하고, 놀지 않고 공부만 하는 아이는 머릿속이 지식과 정보는 가득할지 모르지만 사람들과의 관계에서 어려움을 겪을 우려가 있다.

공부를 중심에 놓고 생각하면 놀이는 공부에 방해 요소일 뿐이다. 그래서 공부가 전부라고 생각하는 어른들은 항상 "그만 놀고 공부해라"라는 말을 입에 달고 산다. 반면에 옛날 사람들은 놀이가 얼마나 중요한지를 잘 알았던 것 같다. "많이 놀고 많이 배워라"라고 말하는 어르신들이 많았던 것을 보면 말이다.

교육열이 높은 부모일수록 아이에게 놀이가 필요하다는 사실을 인정하기가 쉽지가 않다. 그래서 '아이를 어떻게 놀게 할 것인가' 하는 문제를 공부를 가르치는 것보다 훨씬 어려워한다. 여기서 중요한 것은 부모와 자녀가 함께 노는 것만으로는 부족하다는 점을 부모 자신이 인정하는 것이다.

아이들이 삼삼오오 모이기 시작하면 놀이가 자연스럽게 시작된다. 놀이가 되지 않는 경우도 있지만, 어쨌든 아이들은 함께 무언가를 하고자 한다. 따라서 부모의 역할은 그런 자리를 마련해주는 것으로 끝난다. 하나도 어려울 게 없는 것이다.

일반적으로 원숭이들은 그룹을 몇 개로 나누어 공동으로 육아를 한다. 그에 비해 우리 인간은 기본적으로 가정 단위로 육아를 한다. 집 근처 아이들과 골목이나 놀이터에서 노는 일도 있지만, 아무래도 부모와 자식의 종적인 관계가 강하고 원숭이들의 '공동 육아'에 비하면 놀이 요소가 현저히 줄어든다. 특히 요즘처럼 개개의 가정이 고립되는 경향이 강해질수록 부모자식 간의 관계는 점점 더 두터워지고 밀착된다.

흔히 어른들은 아이의 버릇을 들이는 것이 교육이라고 생각한다. 그래

서 아이를 마냥 놀려서는 안 된다고 생각하며, 놀게 하는 것을 방임이라고 생각하는 부모도 있다.

일상생활에서 아이의 놀이시간을 어느 정도로 만들어주느냐는 부모의 생각에 달려있지만, 아예 놀이를 의미 없는 것이라 생각하는 것은 크나큰 잘못이다.

학습의 배경에는 놀이가 있고, 놀이 속에 배움이 있는 법이다. 말하자면 학습과 놀이가 표리일체인 모습이 가장 바람직하다.

무조건 부모가 키우는 게
최고는 아니다

옛날에는 귀족이나 부유한 집안일수록 보통 가정보다 교육조건이 열악해 아이가 훌륭하게 자라기 어려웠다. 그 이유는 부모가 아이에게 쏟아야 할 관심을 다른 곳에 쏟아야 했기 때문이다. 보통 부모들은 아이가 태어나면 아이에 대해서만 생각한다. 그러나 사회적 책임이 많은 사람들은 일과 사교로 바빴다. 때문에 아이와 만족스럽게 대화를 주고받을 시간이 부족했던 것이다.

그렇게 되면 아이는 부모의 애정은 물론이고, 자신에게 제공되는 여러

가지 것들이 부족하다고 느낀다. 그것이 아이의 성장에 좋지 않은 영향을 미칠 것은 너무 뻔하다.

부모의 애정을 충분히 받지는 못하지만 경제적으로 여유 있는 집안의 아이들은 일부러 배려해야 하는 타인의 존재가 없기 때문에 뭐든 마음대로 하는 경향이 강했다. 그런데 그런 자유는 아이에게 좋지 않은 경우가 많다. 아이에게는 힘들었던 경험이나 배고픈 경험도 필요하다. 나쁜 짓을 하면 꾸중을 듣는 게 당연하며, 아이에게는 그 모든 것이 귀중한 경험이 된다.

뭐든 자기가 원하면 다 가질 수 있고, 하고 싶은 대로 맘껏 할 수 있는 환경은 오히려 아이 교육에 좋지 않다. 그래서 유럽의 일부 부유한 집안들은 엄마가 아닌 타인에게 육아를 맡겼다. 그 편이 오히려 자녀교육에 낫다고 판단했기 때문이다.

현대사회로 오면서 '아이를 키워주는' 유모 시스템은 거의 사라졌다. 아이 입장에서는 제대로 먹여주고 재워주고 언어를 가르쳐주면 된다. 따라서 낳아준 부모가 대충 키우고 가르치는 것보다는 전문적으로 키워주는 유모 손에서 제대로 배우는 편이 확실히 더 낫다.

부모 입장에서 보면, 자기가 낳은 자식 교육을 다른 사람 손에 맡긴다는 것이 썩 유쾌한 일은 아니다. 가능하면 내 손으로 잘 키우고 싶은 것이 인지상정이다.

부모 입장에서는 아이에게 미치는 영향이 자신과 유모 둘 사이에 엄청난 차이가 있다고 생각하고 싶겠지만 아주 어린아이는 낳아준 부모와 키워준 부모를 크게 의식하지 못한다.

우리 사회에는 부모자식 간의 관계는 매우 좋은 것이라고 믿어 온 오래된 관념이 있다. 그러나 부모자식 관계는 생물학적 관계이지 사회적 관계가 아니다. 부모가 자식을 무턱대고 아껴주기만 한다면 그런 부모의 애정은 오히려 아이의 올바른 성장에 방해가 될 수 있다. 낳아준 부모가 아이의 교육에 가장 이상적인 존재라는 보장은 없다는 말이다.

부모들이 그 생각을 받아들이고 싶지 않기 때문에 자신이 직접 아이를 키우는 것이 아이에게 가장 좋을 것이라는 착각과 편견에 빠져 있는 것이다.

집 안에서만 사는 아이는
자기 세계도 작다

아이가 유치원에 들어갈 때까지 부모들은 아이를 유심히 살필 필요가 있다. 낯선 아이를 보면 갑자기 울음을 터트린다거나, 아이들과 어울려 놀지 못하고 혼자 따로 논다거나, 부모가 곁에 없으면 불안해서 다른 아이와 놀지 못하는 상태로 성장해서는 안 되기 때문이다.

그러기 위해 필요한 것이 스킨십의 연장이라 할 수 있는 아이들끼리의 접촉이다. 아이의 사회적 스킨십이라 할 수 있다. 그러기 위해서는 부모들이 자기 집 이외의 곳에서 아이들끼리 놀 수 있는 여건을 마련해주어야 한다. 그리고 아이들끼리 놀게 하고, 부모는 멀리 떨어져 있으면서 특별한 일이 없는 한 나서지 않는 편이 좋다. 그것이 현명한 부모의 태도이다.

아이들끼리 자연스럽게 놀게 하려면 아이가 어른들의 존재를 잊어버리고 자신들만의 세계에 빠져야 한다. 어른들 틈에서는 아이들의 세계가 만들어질 수 없다. 다시 강조하지만 어른들 틈에 아이가 한 명 끼어 있는 상태는 아이에게 결코 좋지 않다.

요즘 엄마들은 아이가 적을수록 좋다고 생각하는 것 같다. 아이가 적으면 여러 가지로 더 많이 신경 써줄 수 있고, 경제적으로도 아이가 여럿일 때보다 많은 것들을 해줄 수 있기 때문에 아이가 행복할 거라고 믿는 것이다.

그러나 아이 입장에서 보면 이것은 달갑지 않은 배려이다. 아이는 친구들과 함께 뛰어놀면서 말썽을 부리고 다투기도 하면서 아이들과 사귀고 화해하는 법을 배운다. 그것은 학교에서 배울 수 없는 것들이다.

우리 어른들은 가정이 유아교육에서 가장 중요한 장소라고 믿고 있다. 아니, 그렇게 믿고 싶어한다. 그러나 어울릴 아이도 없는 집 안에 어설프게 갇혀 자라는 것은 문제가 있다. 이 점은 어른들이 크게 반성해야 할 것이다.

주변에 사는 부모들이 의논해서 사적인 형태의 '영유아원' 비슷한 것을 만들어보면 어떨까? 거창한 모임을 만들라는 얘기가 아니다. 가령 토요일에는 호영이네 집에 모여 아이들을 놀게 하고 일요일에는 소연이네 집에 모여 놀게 하는 식이다. 집 안에서 엄마하고만 지냈던 때와는 비교도 할 수 없을 만큼 아이의 세계는 넓어지게 될 것이다.

이제 막 기어 다니기 시작한 아이도 다른 아이에게 장난감을 뺏기고 그것을 달라고 떼쓰고 우는 경험도 필요하다. 세상일이 자기 뜻대로만 되지는 않는다는 사실을 몸으로 깨닫게 되기 때문이다.

사회에 나간 아이들은 따뜻한 온실 같은 집 안에서 접하지 못했던 차갑고 거센 바람과 부딪치게 된다. 그때부터 처음으로 사회에 대한 여러 가지 것들을 배우게 되는데, 그보다 어릴 때부터 타인과 사회에 대해 여러 가지 것들을 피부로 배우게 된다면 자기 자신을 소중하게 여김과 동시에 남들을 배려하는 마음까지 키울 수 있을 것이다.

나이대가 다른 아이들과 놀 때
더 많이 배운다

개인과 개성을 중시하는 현대인은 개성을 죽이는 조직을 선호하지 않는다. 그러나 유아기에서 성장기에 이르는 일정 기간 동안은 공동체생활이 필수적이다. 그런 경험이 없으면 타인으로부터 자극을 받지 못하고 개인의 능력도 충분히 성장하지 못할 가능성이 높다.

이것은 사회적으로 저출산이 진행되고 있는 나라들이 공통적으로 겪고 있는 문제이다. 어른들 틈에서 아이 하나가 자라게 되면 아무래도 온 관심과 신경이 아이에게 쏠리게 되어 있다. 그러면 오냐오냐 키우게 되는

것은 불 보듯 뻔한 일이다. 극단적인 예지만, 주스를 안 주면 수업을 받지 않겠다고 고집을 부리는 초등학생까지 등장한 경우도 있다.

2000년대로 들어서면서부터 출산율 저하가 사회적 문제로 급부상하였다. 최근 출산율을 높이기 위해 다양한 정부정책이 나오고 있는데 그 실효성은 미지수다. 이런 때일수록 어린이집의 역할이 더욱더 중요하다. 어린이집이 유아교육의 주축이 되어야 한다는 자각을 가질 필요가 있다. 그런데 현실은 부모가 직장에 있는 동안 다치거나 아프지 않게 아이를 맡아 준다는 의식을 가지고 운영되는 곳이 적지 않다. 어린이집이 유치원에 비해 교육보다는 보육에 무게중심을 두고 있는 탓이다.

아이들은 나이대가 다른 아이들과 함께 종적인 관계를 형성하는 곳에서 더 많은 다양한 것들을 배운다. 이런 점에서 보더라도 어린이집의 혼합교육은 긍정적인 면이 상당히 크다.

교육은 어머니의 무릎에서 시작되고,
유년기에 들은 모든 언어가 성격을 형성한다.
• 바로우 •

집중력을 키우는 엄마의 말 한마디

초판 1쇄 인쇄 2016년 3월 24일
초판 1쇄 발행 2016년 3월 29일

지은이 도야마 시게히코
옮긴이 장민주
펴낸이 김옥희
펴낸곳 아주좋은날
기획편집 이미숙
디자인 안은정
마케팅 양창우, 김혜경

출판등록 2004년 8월 5일 제16-3393호
주소 서울시 강남구 테헤란로 201, 501호
전화 (02) 557-2031
팩스 (02) 557-2032
홈페이지 www.appletreetales.com
블로그 http://blog.naver.com/appletales
페이스북 https://www.facebook.com/appletales
트위터 https://twitter.com/appletales1

※ 이 책은 《0~7세의 듣는 습관이 집중력을 결정한다》의 개정판입니다.

ISBN 978-89-98482-86-2 13590

잘못 만들어진 책은 구입한 곳에서 바꿔드립니다.
값은 뒤표지에 표시되어 있습니다.

이 도서의 국립중앙도서관 출판시도서목록(CIP)은 서지정보유통지원시스템 홈페이지(http://seoji.nl.go.kr)와
국가자료공동목록시스템(http://www.nl.go.kr/kolisnet)에서 이용하실 수 있습니다.
(CIP제어번호 : CIP2016005922)

아주좋은날 은 애플트리태일즈의 경제 · 실용 · 아동 전문 브랜드입니다.